WILLY WEHRKAMP

ANLASSEN
aber
WIE?

Anlaßhilfen für Benzin- und Dieselmotoren

Willy Wehrkamp
Flieger-Hauptingenieur im Reichsluftfahrtministerium

Mit 73 Abbildungen

1941

DR. M. MATTHIESEN & CO. / BERLIN SW 68

Inhalt

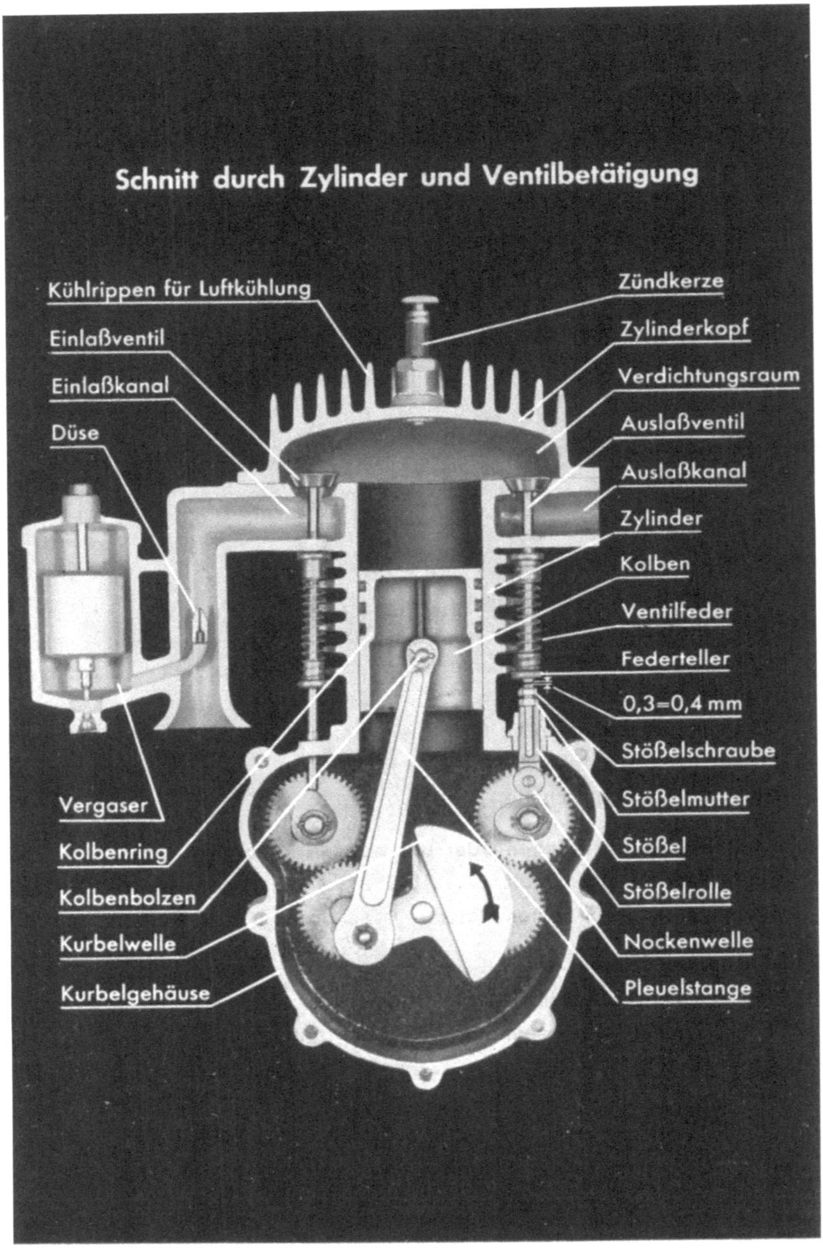
Schnitt durch Zylinder und Ventilbetätigung
Kühlrippen für Luftkühlung
Einlaßventil
Einlaßkanal
Düse
Vergaser
Kolbenring
Kolbenbolzen
Kurbelwelle
Kurbelgehäuse
Zündkerze
Zylinderkopf
Verdichtungsraum
Auslaßventil
Auslaßkanal
Zylinder
Kolben
Ventilfeder
Federteller
0,3=0,4 mm
Stößelschraube
Stößelmutter
Stößel
Stößelrolle
Nockenwelle
Pleuelstange

Das Arbeitsverfahren des Ottomotors

Der Viertakt-Ottomotor

Der Aufbau

Ein Viertakt-Ottomotor (siehe nebenstehendes Bild 1) besteht aus einem luft- oder wassergekühlten Zylinder, in dem sich ein durch eine Pleuelstange mit der Kurbelwelle verbundener Kolben auf und ab bewegt. Bei Luftkühlung ist der Zylinder zur Vergrößerung der Oberfläche mit Kühlrippen versehen. Bei Wasserkühlung ist der Zylinder von einem Wassermantel umgeben.

Die Pleuelstange steht mit dem Kolben durch einen Kolbenbolzen in Verbindung. An ihrem unteren Ende hat die Pleuelstange ein Lager, welches das sogenannte Pleuellager auf der Kurbelwelle umschließt.

Die Kurbelwelle ist wiederum mehrmals durch die Kurbellager im Kurbelgehäuse gelagert. Auf der Kurbelwelle sitzt das Schwungrad. Der Zylinder ist entweder auf das Kurbelgehäuse aufgeschraubt oder auch mit dem Kurbelgehäuse zusammen aus einem Stück gegossen.

Der Zylinderraum oberhalb des Kolbens in seiner höchsten Lage wird Verdichtungsraum genannt. Er steht durch zwei Ventile, das Einlaß- und das Auslaßventil, mit dem Ansaugrohr bzw. dem Auspuffrohr in Verbindung. Diese Ventile werden zu bestimmten Zeiten durch die Nockenwelle geöffnet und geschlossen.

Die Nockenwelle hat für jedes Ventil einen bestimmten Nocken, der das Ventil unter Zwischenschaltung eines Stößels oder eines Kipphebels öffnet. Geschlossen wird das Ventil durch eine

Ventilfeder. Die Nockenwelle wird entweder durch Zahnräder oder durch Ketten von der Kurbelwelle, und zwar mit der halben Kurbelwellendrehzahl, angetrieben.

Im Zylinderkopf befindet sich die Zündkerze, die durch ein Zündkabel mit der Zündanlage verbunden ist. Die Zündanlage wird ebenfalls von der Kurbelwelle aus mit halber Kurbelwellendrehzahl angetrieben, entweder durch Zwischenräder bzw. Kette oder über die Nockenwelle.

Am Ansaugrohr befindet sich der Vergaser oder Kraftstoffvernebler, der durch eine Kraftstoffleitung mit dem Kraftstoffbehälter in Verbindung steht.

Am Auslaßkanal sitzt das Auspuffrohr, an dessen Ende der Auspufftopf oder Schalldämpfer.

Die Schmierung wird von der Öl- oder Schmierstoffpumpe übernommen, die den Schmierstoff an sämtliche Lager- und Gleitstellen führt.

Das Arbeitsverfahren

Ein Viertakt-Ottomotor arbeitet nach einem System, das auf vier hintereinander folgenden sogen. „Takten" beruht. Unter einem Takt versteht man den Kolbenweg, der durch eine halbe Kurbelwellenumdrehung hervorgerufen wird. Den Weg des Kolbens im Zylinder von seiner obersten bis zur untersten Lage nennt man Hub. Die oberste Lage nennt man den oberen oder äußeren und die unterste Lage den unteren oder inneren Totpunkt.

Die vier Takte kommen wie folgt hintereinander:

1. Ansaugen,
2. Verdichten,
3. Arbeiten (Verbrennen),
4. Auspuffen,

dann wieder Ansaugen, Verdichten, Arbeiten (Verbrennen), Auspuffen, Ansaugen, Verdichten usw.

Vergleiche die folgenden Bilder 2 bis 5.

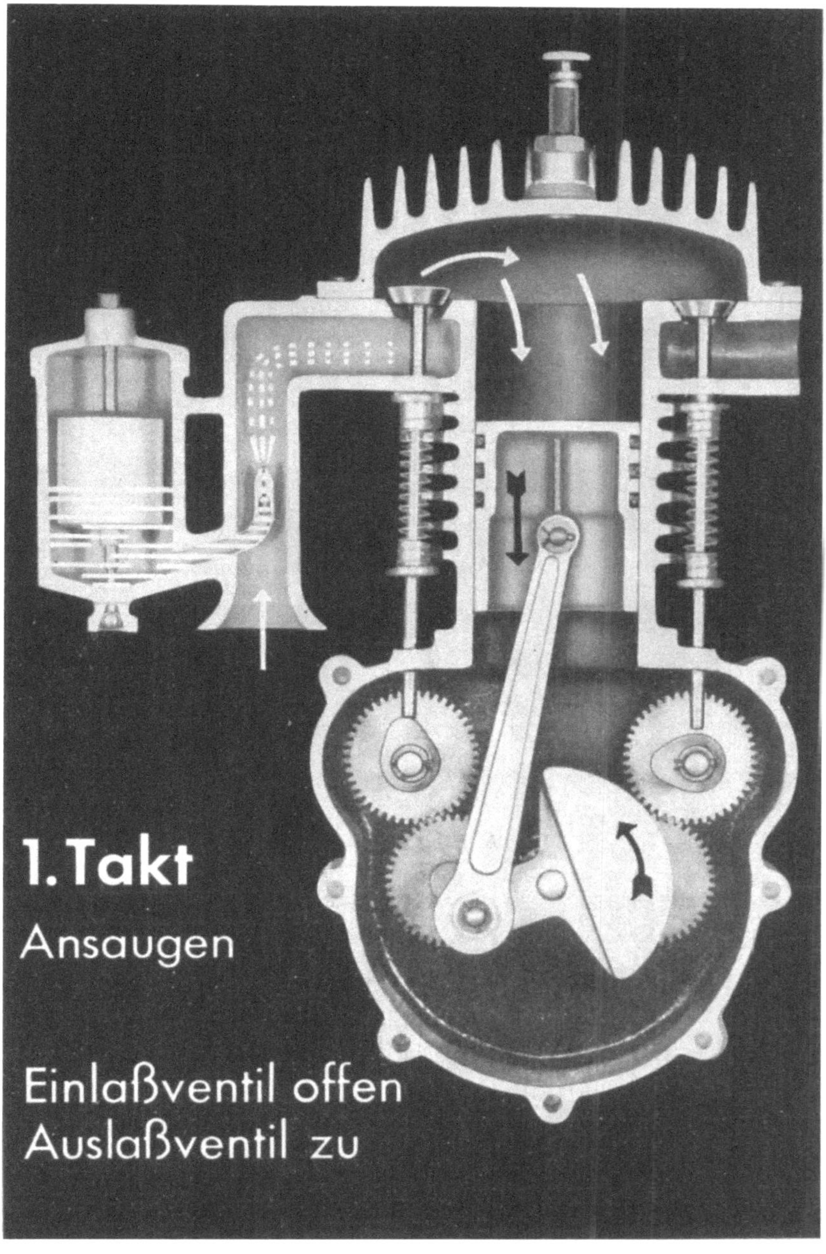
1. Takt
Ansaugen
Einlaßventil offen
Auslaßventil zu

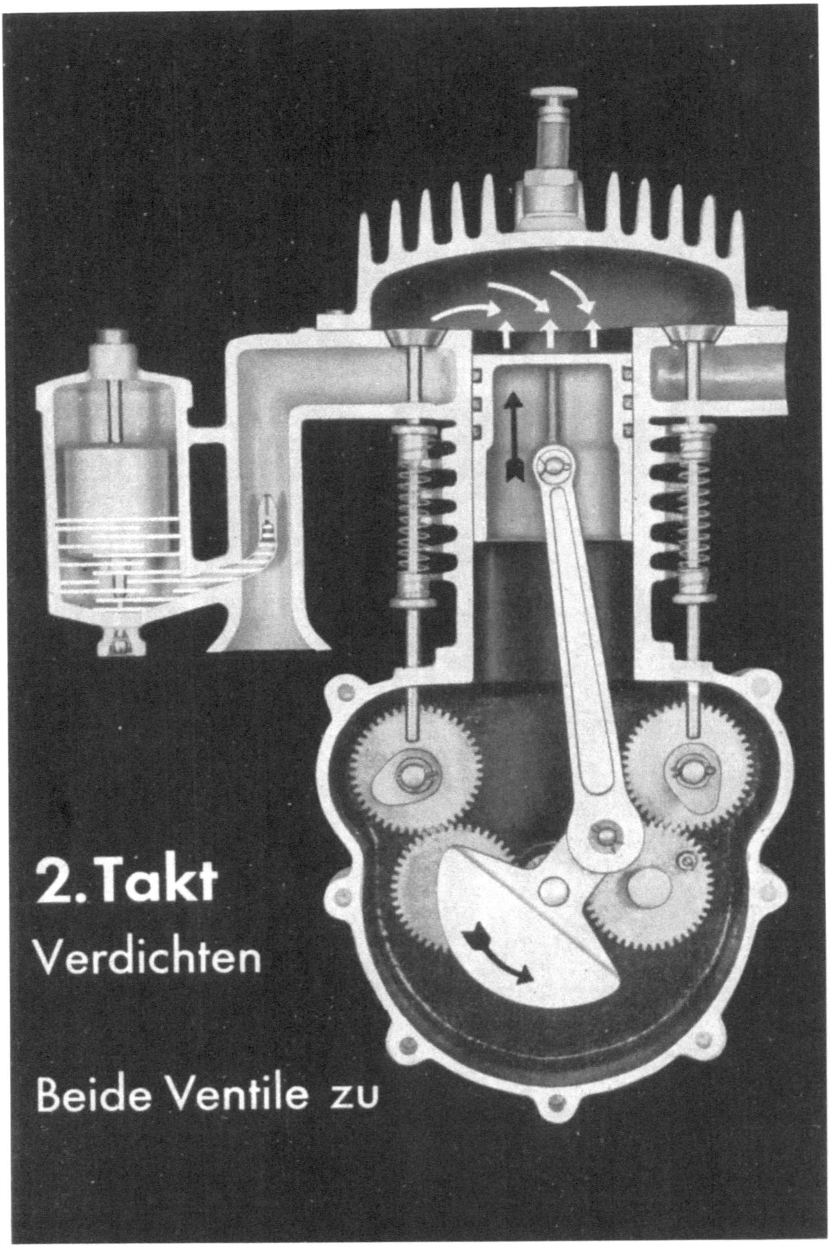
2. Takt
Verdichten
Beide Ventile zu

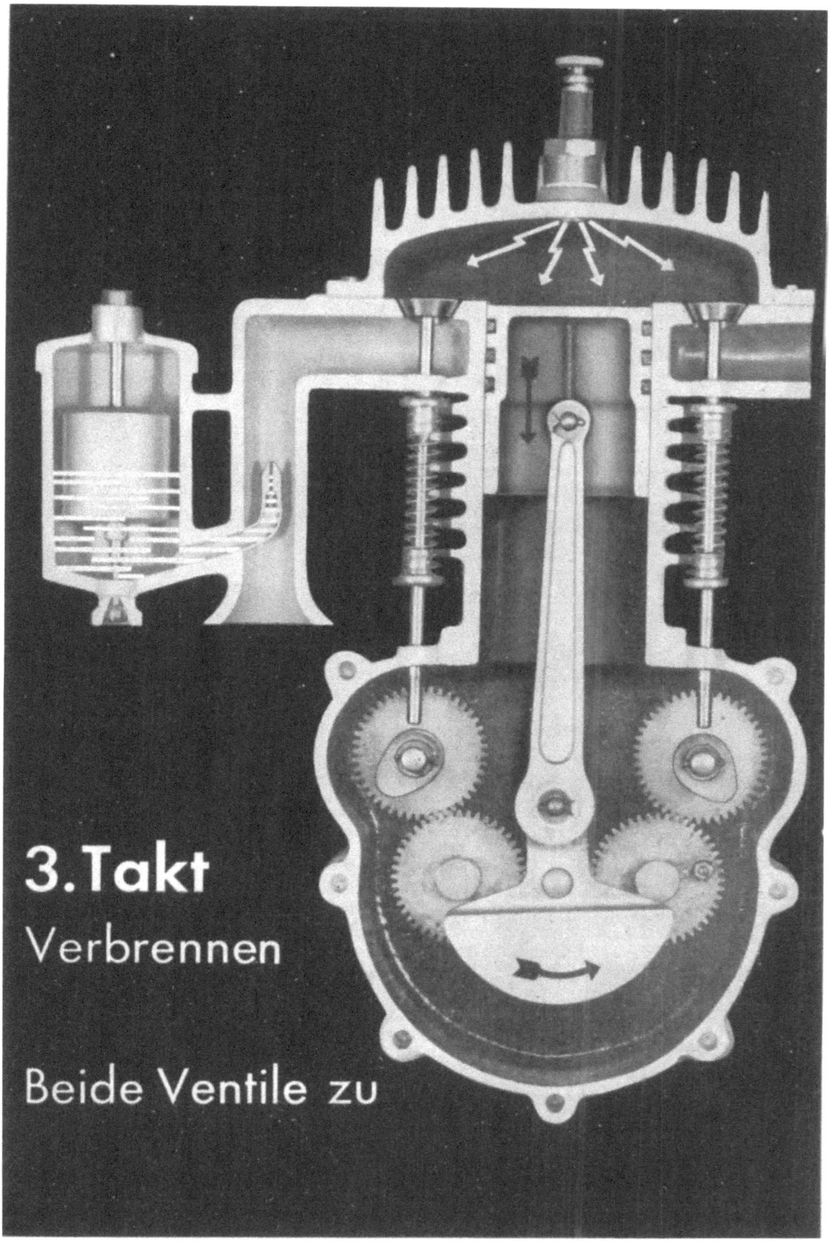
3. Takt
Verbrennen
Beide Ventile zu

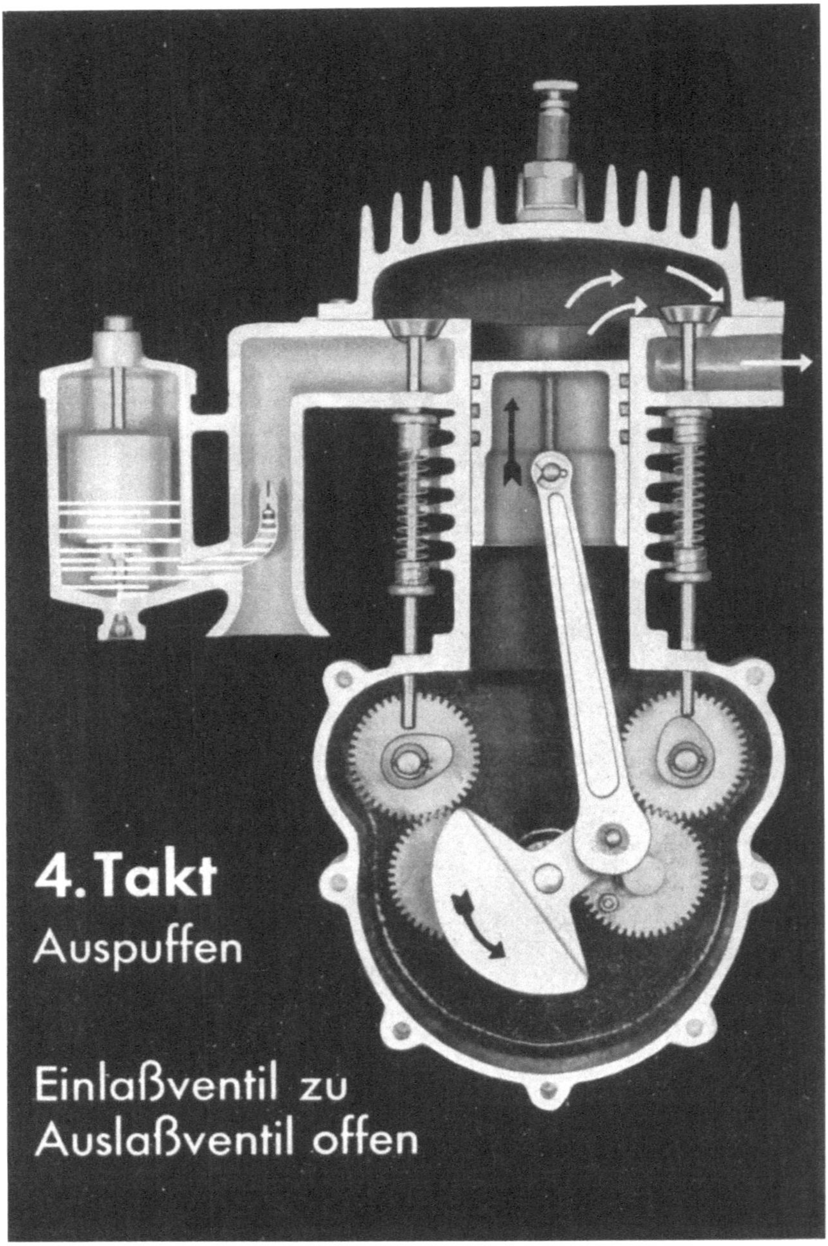
4. Takt
Auspuffen
Einlaßventil zu
Auslaßventil offen

Unter den vier Takten ist also nur ein Arbeitshub, während die anderen drei Takte Arbeit verbrauchen. Der Arbeitstakt speichert aber im Schwungrad soviel Energie, daß das Schwungrad die für die drei anderen Takte nötige Energie abgeben kann. Die jetzt noch überschüssige Energie wird zum Antrieb von Fahrzeugen oder sonstigen Geräten benutzt.

Der Zweitakt-Ottomotor

Der Aufbau

Der Zweitakt-Motor ist in seinem Aufbau wesentlich einfacher als der Viertakt-Motor (siehe die Bilder 6 und 7).

Er braucht keine Ventile, da die in den Zylinder eingegossenen Ansaug- und Auspuffkanäle durch die obere und untere Kolbenkante geöffnet und geschlossen werden. Es fallen also sämtliche für die Betätigung der Ventile nötigen Teile fort. Ein Zweitakter braucht keine Nockenwelle, Zahnräder, Ventilstößel, Federn usw. Er besteht lediglich aus Kurbelgehäuse, Kurbelwelle, Pleuelstange mit Kolben und Kolbenbolzen, Zylinder, Zündkerze, Zündanlage und Vergaser.

Auch Schmierstoffpumpe und -leitung fallen fort, weil der dem Kraftstoff im Verhältnis 1 : 20 bis 1 : 30 beigemischte Schmierstoff auf dem Wege vom Kurbelgehäuse zum Verdichtungsraum sämtliche Gleit- und Lagerstellen mit einem schwachen Schmierstoffilm überzieht.

Das Arbeitsverfahren

Die verschiedenen Takte des Viertakters: Ansaugen, Verdichten, Verbrennen und Auspuffen sind auch beim Zweitakter zu verrichten. Es werden jedoch immer zwei Vorgänge auf einen Takt oder Hub ausgeführt. Dazu kommt beim zweiten Takt noch das Vorverdichten.

Vergleiche die umstehenden Bilder 6 und 7.

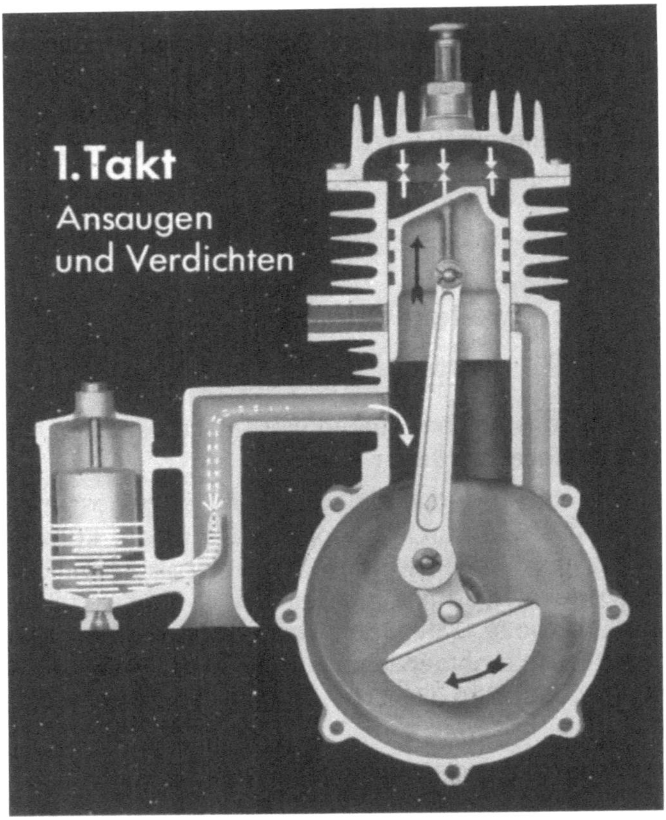

Bild 6

Erster Takt: Ansaugen und Verdichten

Der aufwärtsgehende Kolben saugt über den Vergaser Gasgemisch in das Kurbelgehäuse. Der durch die untere Kolbenkante gesteuerte Ansaugkanal öffnet sich kurz vor dem oberen Totpunkt. Dadurch entsteht im Kurbelgehäuse ein Unterdruck, welcher beim Öffnen des Ansaugkanals das Gasgemisch schnell ansaugt und gleichzeitig für eine gute Durchwirbelung und Vergasung sorgt. Gleichzeitig verdichtet der Kolben das bereits über ihm stehende Gasgemisch. Der Auspuff- und der Überströmkanal sind geschlossen.

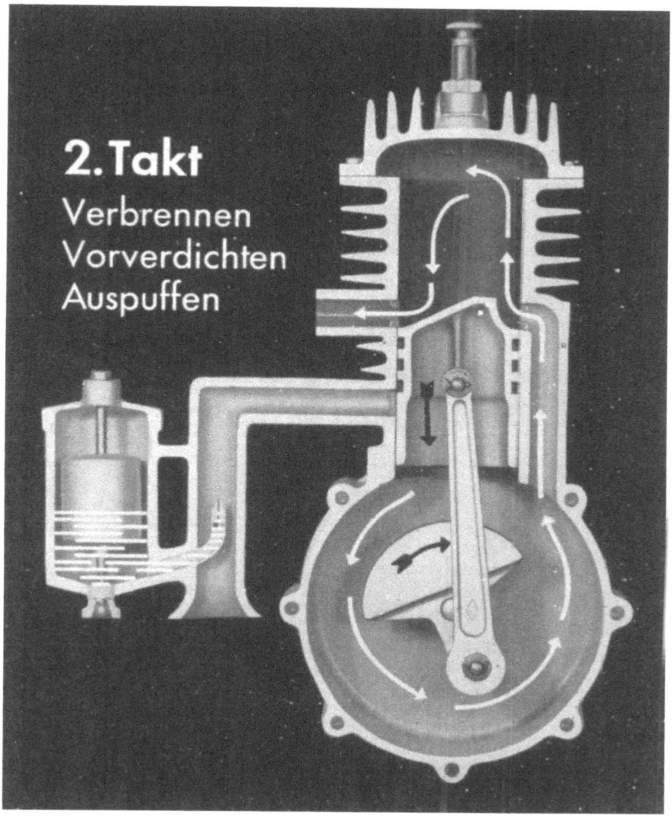

Bild 7

Zweiter Takt: Verbrennen, Vorverdichten und Auspuffen

Das im oberen Totpunkt entzündete Gasgemisch gibt seine Kraft an den Kolben ab. Durch den abwärtsgehenden Kolben wird das im Kurbelgehäuse befindliche Gasgemisch vorverdichtet. Kurz vor dem unteren Totpunkt öffnet sich der durch die obere Kolbenkante gesteuerte Auspuffkanal. Die verbrannten Gase strömen aus. Gleichzeitig öffnet sich auf der gegenüberliegenden Seite der Überströmkanal. Das vorverdichtete Gasgemisch strömt in den Zylinder und stößt die noch vorhandenen verbrannten Gase aus. Damit die frischen Gase nicht sofort mit zum Auspuffkanal hinausströmen, ist der Kolben mit einer sogenannten Spülnase versehen. Diese Spülnase zwingt die frischen Gase nach oben und sorgt durch ihre Form für eine gute Durchspülung des ganzen Zylinderraumes.

Bei einigen neueren Bauarten von Zweitakt-Motoren sind die Spülschlitze so angeordnet, daß durch die Stellung der Schlitze auch ohne Kolbenspülnase eine einwandfreie Spülung erreicht wird.

Das Arbeitsverfahren des Dieselmotors

Der Viertakt-Dieselmotor

Der Aufbau

Der Viertakt-Dieselmotor (Rohölmotor) unterscheidet sich vom Viertakt-Ottomotor nur durch die fehlende Zündanlage und die an die Stelle des Vergasers getretene Einspritzpumpe nebst Düsen und Förderpumpe. Weiterhin hat der Dieselmotor ein wesentlich höheres Verdichtungsverhältnis (bis 1 : 18) als der Ottomotor (1 : 5 bis 1 : 7,5).

Das Arbeitsverfahren

Beim ersten Takt, dem Ansaugen, saugt der abwärtsgehende Kolben durch das geöffnete Einlaßventil reine Luft an (kein Gemisch!).

Beim zweiten Takt, dem Verdichten und Einspritzen, verdichtet der aufwärtsgehende Kolben diese reine Luft auf etwa 23 bis 27 Atmosphären und erhitzt sie dadurch stark. Das Einlaßventil ist geschlossen. Kurz vor dem oberen Totpunkt spritzt die Einspritzpumpe unter hohem Druck den Kraftstoff durch eine Düse in den Zylinder. Der Kraftstoff wird durch die Düse fein zerstäubt, mischt sich sofort mit der heißen Luft und vergast dabei. Das Gemisch wird jetzt so stark weiterverdichtet, daß es sich durch die dabei entstehende hohe Temperatur selbst entzündet.

Beim dritten Takt, dem Verbrennen, treibt der durch die Gemischentzündung entstandene hohe Druck den Kolben nach unten. Beide Ventile sind geschlossen.

Beim vierten Takt, dem Auspuffen, schiebt der aufwärtsgehende Kolben die verbrannten Gase durch das jetzt geöffnete Auslaßventil aus dem Zylinder heraus. Dann beginnt wieder der erste Takt.

Vergleiche die folgenden Bilder 8 bis 11.

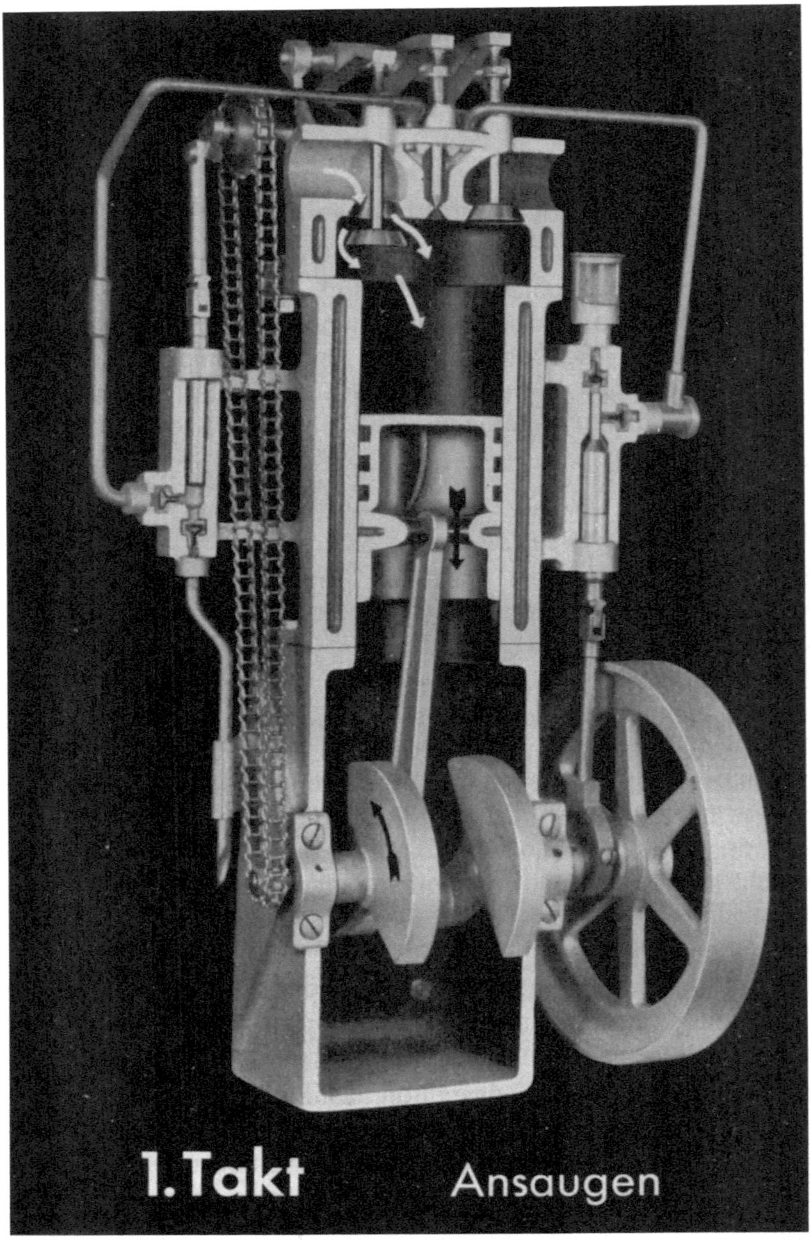

1. Takt Ansaugen

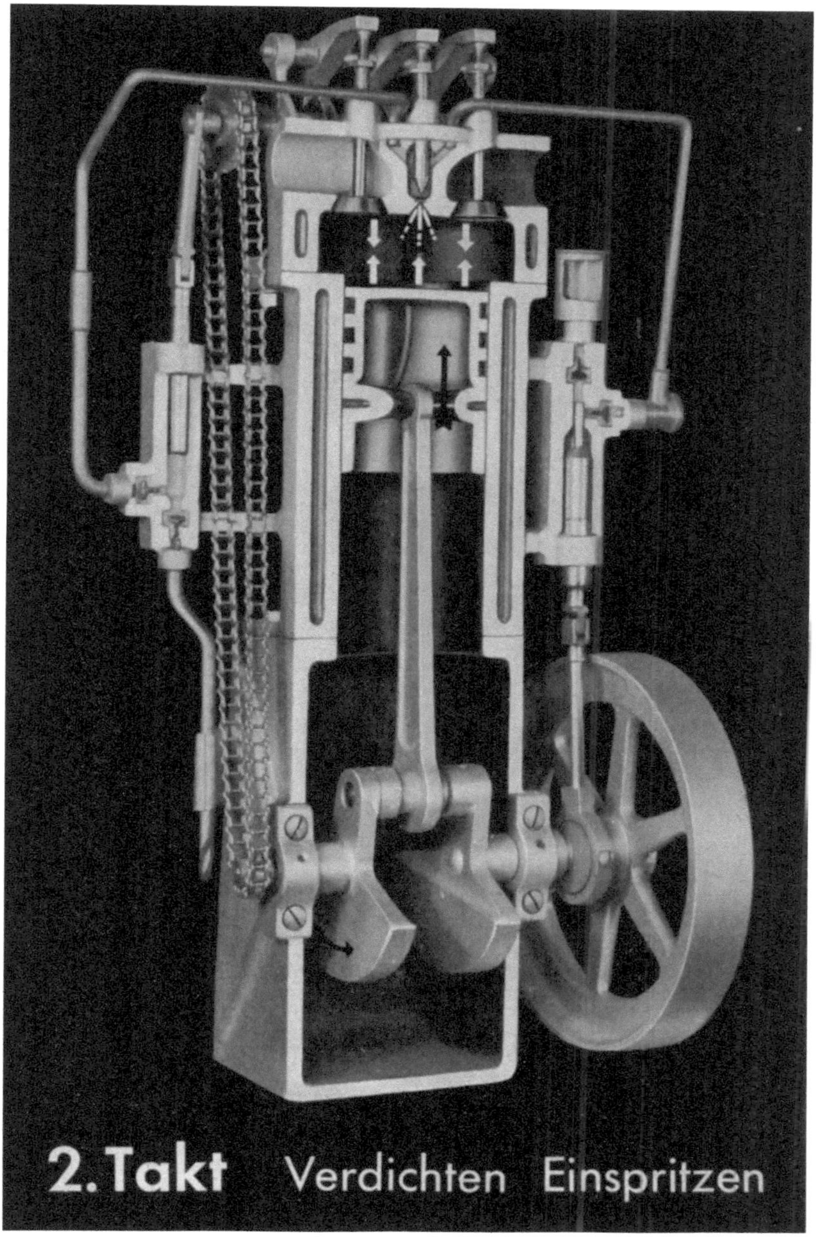

2. Takt Verdichten Einspritzen

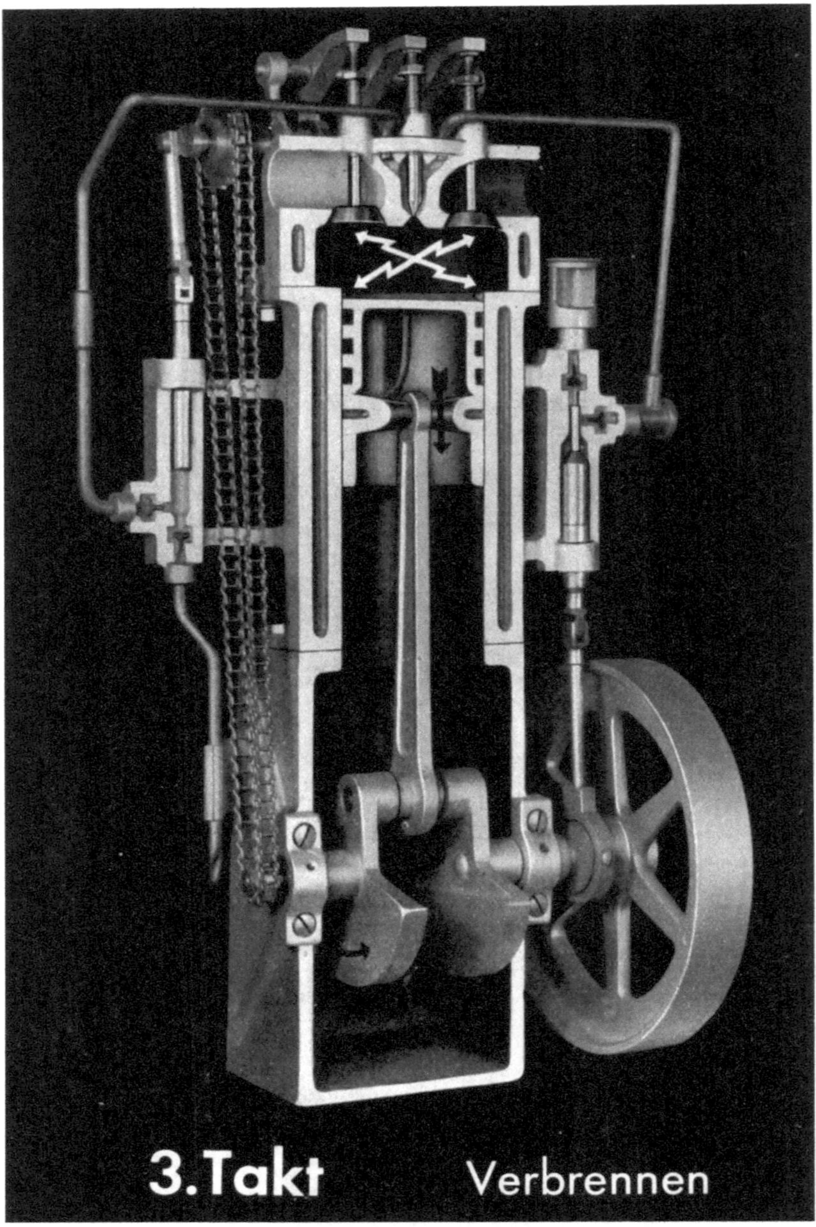

3. Takt Verbrennen

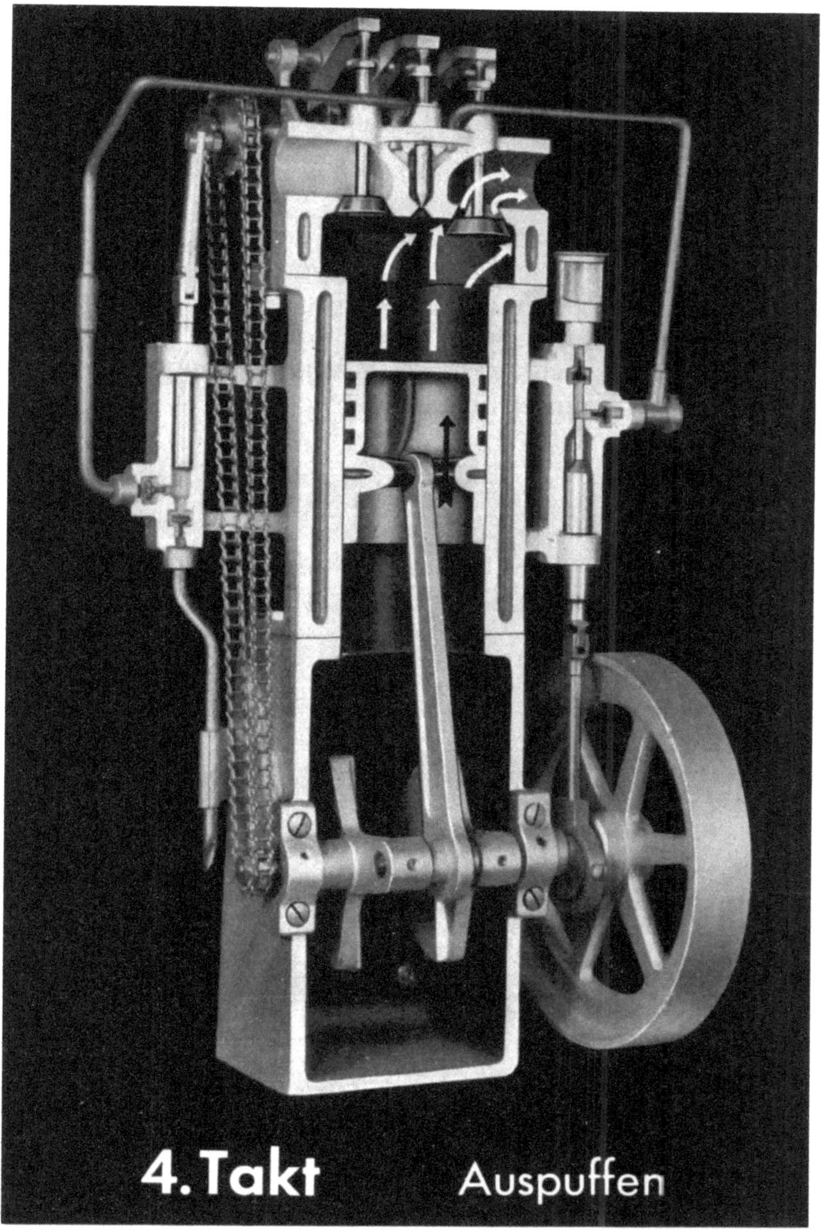
4. Takt
Auspuffen

Der Zweitakt-Dieselmotor

Der Zweitakt-Dieselmotor unterscheidet sich in seinem Aufbau vom Viertakt-Dieselmotor genau so, wie sich der Otto-Zweitakter vom Otto-Viertakter unterscheidet. Er kennt also normalerweise auch keine Ventile. Der Krupp-Zweitakt-Gleichstromspülmotor hat nur ein Auslaßventil.

Die Arbeitsweise des Diesel-Zweitakters entspricht der des Otto-Zweitakters und unterscheidet sich davon auch nur durch die fehlende Zündanlage, die Einspritzanlage anstelle des Vergasers und die höhere Verdichtung. Auch hier wird nur reine Luft angesaugt. Die Entzündung des Gemisches wird ebenfalls durch die hohe Verdichtungstemperatur ausgelöst.

Fehlerquellen und Fehlerbeseitigung

Anlaßschwierigkeiten an kalten Tagen

Ottomotoren (Vergasermotoren)

Beim Ottomotor entsteht die Antriebsenergie durch eine im Zylinder erfolgte explosionsartige Verbrennung gasförmigen Kraftstoff-Luftgemisches. Die Zündkerze leitet die Verbrennung ein (Fremdzündung). Der Kolben wird abwärts gedrückt und die Kurbelwelle dabei halb herumgedreht. Die andere halbe Umdrehung besorgt das Schwungrad. Der Kolben wird dadurch wieder gehoben und das Kraftstoff-Luftgemisch wieder zusammengedrückt. Das Spiel beginnt von neuem und wiederholt sich, die Welle dreht sich immer schneller und der Motor läuft (Zweitakter).

So sollte es immer sein und bleiben, aber:

es muß immer ein richtiges Kraftstoff-Luftgemisch im Motor-Zylinder vorhanden sein. An sehr kalten Tagen vergast der Kraftstoff sehr schlecht und schlägt sich außerdem schon unterwegs an den kalten Wandungen der Ansaugrohre nieder (Kondensation). Nur Luft oder ein sehr mageres, nicht zündfähiges Gemisch gelangt so zum Kolben. Man muß dafür sorgen, daß trotzdem genügend brennbares, fettes Gemisch (viel Kraftstoff und weniger Luft) in den Verbrennungsraum gelangt. Voraussetzung ist natürlich immer, daß die Zündkerze einen guten Funken gibt und daß sich der Motor leicht durchdrehen läßt.

Das schwere Durchdrehen der Motoren beruht darauf, daß der erstarrte Schmierstoff die Trennflächen zwischen Kolben und Zylinder, Kurbelwelle und Lagerschalen sowie Ventilschaft und Büchse verklebt. Auch die Schmierstoffpumpe ist nicht mehr in der Lage, den Schmierstoff den Schmierstellen zuzuführen. Springt der Motor trotz des erstarrten Schmierstoffes doch einmal an, so kann dadurch leicht eine Zerstörung der Motorlager und Kolben, ja des ganzen Motors, eintreten. **Man muß also für Wärme sorgen!**

Begeht man dazu noch den Fehler, den Motor mit der Batterie anzulassen, so entlädt sich die Batterie dadurch oft völlig. Dann enthält die Batterie praktisch keine Säure mehr, sondern nur noch reines Wasser. Eine entladene Batterie friert schon bei — 10° C ein, eine vollgeladene erst bei — 65° C. Man kann daher verstehen, warum Batterien auch schon bei verhältnismäßig geringer Kälte einfrieren können (Abhilfe siehe Seite 51).

Dieselmotoren

Beim Dieselmotor ist ein Verdichtungs- oder Kompressionsdruck von mindestens 23 Atmosphären nötig. Er kann nur dann erreicht werden, wenn der Verdichtungsraum absolut dicht ist. Gehen die Ventile infolge des erstarrten Schmierstoffs so schwer, daß sie hängen bleiben, dann kann der Verdichtungsraum nicht dicht sein und der erforderliche Druck nicht erzielt werden.

Außerdem ist dieser hohe Druck bei einem leicht drehenden Motor sicherer zu erreichen als mit einem nur sehr schwer durchdrehenden. Bei größeren Kolbengeschwindigkeiten geht nicht soviel Wärme verloren. Also auch beim Dieselmotor: **Für Wärme sorgen!**

Anlaßschwierigkeiten an warmen Tagen oder mit warmen Motoren

An warmen Tagen springt ein Verbrennungsmotor in der Regel leicht an. Begünstigt wird das Anspringen durch die warme Außenluft, die erstens den Kraftstoff leichter vergasen läßt und zweitens den ganzen Motor so durchwärmt, daß sich der Kraftstoff nicht mehr an den Wandungen niederschlagen kann. Außerdem sorgt die warme Luft für dünnflüssigen Schmierstoff.

Begeht man aber an warmen Tagen den Fehler und tupft zuviel oder spritzt Kraftstoff ein, dann wird das Gemisch so fett (d. i. zuviel Kraftstoff und zu wenig Luft), daß es sich durch den Zündfunken nicht mehr entzünden läßt.

Dasselbe ist auch der Fall, wenn der Motor einmal zu heiß geworden ist. Hier ist die Ursache aber eine andere. Das Verhältnis Luft zu Kraftstoff ist wohl dasselbe geblieben, aber nicht das Verhältnis Sauerstoff zu Kraftstoff. In einem Liter heißer Luft ist weniger Sauerstoff enthalten als in einem Liter kalter Luft, weil sich die heiße Luft ausgedehnt hat und einen größeren Raum einnimmt als vorher und somit leichter geworden ist.. Eine Verbrennung ist jedoch immer nur bei Anwesenheit von Sauerstoff möglich. So erklärt sich auch das Nichtanspringen oder Stehenbleiben eines zu heißen Motors. In diesem Fall spricht man von einem schlechten Füllungsverhältnis.

Fehlerquellen am Ottomotor

Zündanlage

Die Zündanlage hat die Aufgabe, einen kräftigen Zündfunken an der Zündkerze zu erzeugen. Dieser Zündfunken muß bei Ottomotoren das verdichtete Kraftstoff-Luftgemisch in dem Augenblick entzünden, in dem sich der Kolben am Ende des Verdichtungshubes in seiner obersten Lage, dem oberen Totpunkt, befindet.

Bild 12. Batteriezündung

Die Zündanlage besteht aus dem Batteriezünder bzw. dem Magnetzünder, den Zündkabeln und den Zündkerzen. Im ersten Falle handelt es sich um eine „Batteriezündung" (siehe Bild 12), im zweiten Falle um eine „Magnetzündung". Bei der Magnetzündung verwendet man entweder einen Schwungradzündmagnet (siehe Bild 13) oder einen Standzündmagnet (siehe Bild 14).

Bild 13. Schwungradzündmagnet

Bild 14. Standzündmagnet

Bei der Batteriezündung ist man immer von einer fremden Stromquelle, der Batterie, abhängig, die den für die Erzeugung eines elektrischen Funkens nötigen Strom zu liefern hat.

Der Zündmagnet ist unabhängig von einer fremden Stromquelle. Der Strom wird im Zündapparat selbst erzeugt. Sonst unterscheidet sich die Magnetzündanlage von der Batteriezündanlage nur durch den Dauermagneten. Sämtliche anderen Teile sind im Prinzip die gleichen.

Die Zündanlage setzt sich wie folgt zusammen:

1. S t r o m q u e l l e. Als Stromquelle dient eine Batterie oder ein durch Dauermagnet erregter Wechselstromerzeuger.

2. Z ü n d s p u l e oder Zündanker. Die Zündspule (oder bei Zündmagneten der Zündanker) ist ein Umspanner oder Transformator. Sie besteht aus der über einem Eisenkern liegenden

Bild 15. Unterbrecher

Niederspannungswicklung (Primärwicklung) mit wenigen starken Kupferdrahtwindungen und der darum liegenden Hochspannungswicklung (Sekundärwicklung) mit vielen Windungen dünnen Drahtes.

Der in der Niederspannungswicklung fließende Strom wird bei

Zweitaktern bei jeder Umdrehung so oft durch einen Unterbrecher unterbrochen, wie die Zylinderzahl des Motors beträgt, bei Viertaktern jedoch nur bei jeder zweiten Umdrehung. Durch diese Unterbrechung wird in der Hochspannungswicklung ein Stromstoß erzeugt, der an der Zündkerze als Funke zwischen den beiden Elektroden überspringt und das Kraftstoff-Luftgemisch im Zylinder entzündet.

3. Der Unterbrecher ist ein durch einen Nocken betätigter feststehender oder umlaufender Schalter (siehe Bild 15), dessen Kontakte den von der Niederspannungswicklung kommenden Strom in dem Augenblick unterbrechen, in welchem der Kolben beim Verdichtungshub seinen oberen Totpunkt erreicht hat.

Um eine Funkenbildung und dadurch eine vorzeitige Abnützung an den Unterbrecherkontakten zu vermeiden, ist der Kondensator nebengeschaltet, der diese Funken löscht.

Bild 16. Verteiler

4. Der Verteiler (siehe Bild 12 und 16) hat die Aufgabe, den Zündstrom in der richtigen Reihenfolge an die Zündkerzen abzugeben.

5. Die Zündkerze ist im Prinzip nichts anderes als eine Funkenstrecke, die sich im Verdichtungsraum befindet. Auf dieser Funkenstrecke springt auf Grund des Stromstoßes (die Zünd-

spannung beträgt bis zu 20 000 V) ein Funke von der einen zur anderen Elektrode über.

Der Vorteil der Batteriezündung ist erstens die verhältnismäßig billige Anlage und zweitens ein kräftiger Funke beim Anlassen der Motoren. Die Stärke und Spannung dieses Funkens ist um so größer, je niedriger die Drehzahl ist. Ein Motor mit Batteriezündung wird daher immer besser anspringen als ein Motor mit Magnetzündung. Der Nachteil der Batteriezündung ist die Abhängigkeit von einer Batterie. Ist diese nicht in Ordnung, kann auch der Motor nicht anspringen und laufen.

Der Vorteil der Magnetzündung ist erstens der geschlossene Aufbau und zweitens die Unabhängigkeit von fremden Stromquellen. Ihr Nachteil ist die niedrige Zündspannung bei niedriger Drehzahl. Man muß also bei Magnetzündungs-Motoren immer schneller andrehen als bei Motoren mit Batteriezündung.

Zündstörungen

Die Kerze gibt keinen oder nur schwachen Funken. Ursache: Elektrodenabstand durch Abbrand zu groß oder zu klein, Elek-

Bild 17. Prüfen der Zündanlage mit dem Zündkabel

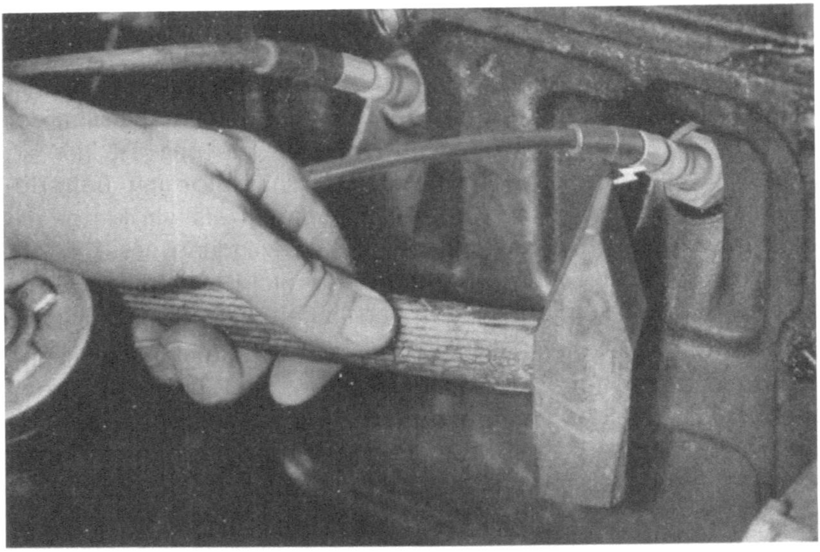

Bild 18. Prüfen der Zündanlage mit einem Hammer

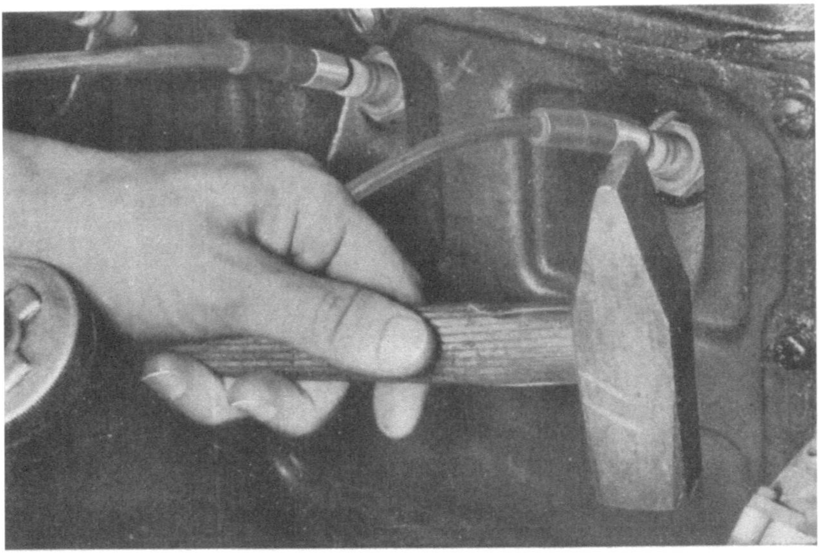

Bild 19. Prüfen der Zündanlage, Kurzschließen der Kerze mit einem Hammer

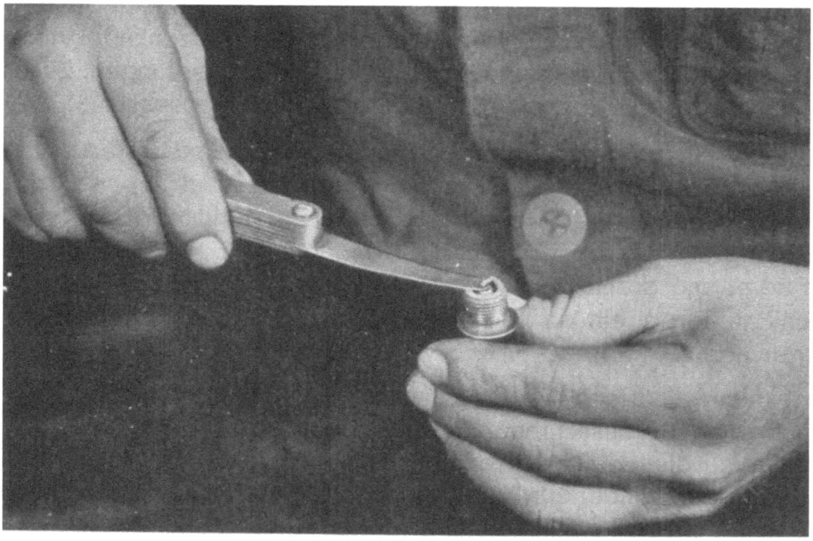

Bild 20. Prüfen des Elektrodenabstandes

Bild 21. Prüfen der Zündanlage durch Anlegen der Zündkerze an den Motor

troden kurzgeschlossen durch Ölkohle oder sonstige Kraftstoffrückstände, Zündkerzen verrußt oder verölt, Kerzenkabel lose oder gebrochen, Kerzenstein gebrochen oder gesprungen, Zündkabel hat Verbindung mit dem Motorgehäuse (Masseschluß).

Abhilfe: Man untersuche zunächst, ob die Zündanlage selbst in Ordnung ist. Zu diesem Zweck löst man das Zündkabel von der Kerze, halte es bei Magnetzündung etwa 5 mm, bei Batteriezündung etwa 8 mm vom Zündbolzengewinde oder Zylinderkopf entfernt und drehe den Motor von Hand durch. (Siehe Bild 17.) Schlägt hierbei ein kräftiger Funke über, so ist die Zündanlage in Ordnung.

Bei mehrzylindrigen Motoren lassen sich die einzelnen Kerzen auch ohne Herausschrauben während des Laufes prüfen. Man nehme zu diesem Zweck einen Hammer, halte den Hammerkopf gegen den Zylinderkopf und das andere Ende, die Hammerfinne, mit etwa 5 bzw. 8 mm Abstand gegen den Kabelkopf an der Zündkerze und beobachte, ob ein kräftiger Funke überspringt (siehe Bild 18). Jetzt schließt man die Kerze durch Berühren der Hammerfinne mit dem Zündkerzenkopf (siehe Bild 19) kurz und horche, ob der Motor langsamer oder unregelmäßiger als vorher läuft (mehrfach wiederholen). Läuft der Motor durch dieses Kurzschließen langsamer oder unregelmäßiger, dann ist die Kerze in Ordnung. Läuft der Motor aber genau so unregelmäßig weiter wie vorher, so kann man sicher sein, daß die Kerze nicht intakt ist. Man braucht also bei diesem Verfahren nur die Kerze auszuwechseln oder in Ordnung zu bringen, die kurzgeschlossen keine Veränderung des Motorlaufs nach sich zieht. Bei Motoren mit isoliertem Kabelschuh oder funkentstörten Kerzen prüft man die Kerzen durch einfaches Abziehen und Aufstecken des Kabelschuhs bei gleichzeitigem Abhorchen des Motors.

Hat man keine neue Kerze zur Hand, so versuche man, die alte Kerze wieder in Ordnung zu bringen. Zunächst reinige man die Kerze von Ruß und Öl, säubere die Elektroden mit einer Spezial-Zündkerzenbürste (im Notfall mit einer Stahl- oder einer harten Zahnbürste oder mit einem sauberen Lappen) und prüfe die Elektrodenabstände (siehe Bild 20). Der Abstand der Elektroden muß bei Magnetzündung 0,4 bis 0,5 mm (Postkartenstärke) und bei Batteriezündung 0,6 bis 0,8 mm betragen. Am einfachsten stellt man den richtigen Abstand mit Hilfe einer kleinen Flachzange her, sonst nehme man einen Hammer zum Verkleinern und einen Schraubenzieher zum Vergrößern des Abstandes zur Hand.

Einen genauen Elektrodenabstand erhält man durch Kontrolle mit einer Zündkerzenlehre.

Sind die Kerzen auch innen verölt, können sie durch Ausbrennen gereinigt werden (siehe Bild Seite 81). Der sich dabei bildende Ruß ist zu entfernen.

Zur Kontrolle eines guten Funkens lege man die an das Kabel angeschlossene Kerze mit dem Sechskant gegen den Motor und drehe gleichzeitig durch. Es muß dann ein kräftiger Funke überspringen. Nur Sechskant anfassen und aufpassen, daß das Kabel am Kerzenende keine Berührung mit dem Motor bekommt (siehe Bild 21).

Allgemein kann gesagt werden, daß die Kerze in Ordnung ist, wenn die Elektroden ein trockenes hellgraues oder rotbraunes und der Stein ein bräunliches Aussehen haben.

Hat die Kerze einen schwarzen, verrußten Stein, so ist entweder das Gemisch zu fett, die Motorschmierung im Zylinder zu stark, Kolben und Kolbenringe sind undicht oder die Kerze hat einen zu hohen Wärmewert. Ist der Stein blaßweiß, dann ist der Wärmewert zu niedrig, die Kerze wird zu heiß. Ein Austausch wegen zu hohen oder zu niedrigen Wärmewertes soll möglichst nur durch die Herstellerfirmen vorgenommen werden.

Bei funkentstörten Motoren, deren Kerzen mit sogenannter Entstörkappe versehen sind, besteht auch noch die Möglichkeit, daß der Kontaktstift im Innern der Entstörkappe festsitzt. Der Zündstrom zum Kopf der Zündkerze wird dadurch unterbrochen. Es bilden sich Funken, die den Kontaktstift oder den Zündkerzenkopf verschmoren. Bei entstörten Kerzen ist weiterhin auf die Bildung von Schwitzwasser zu achten. Wird dieses Wasser nicht entfernt, so kann es Kurzschluß geben.

Die Zündanlage setzt aus oder arbeitet nicht

Der Motor springt nicht an, läuft unregelmäßig oder bleibt stehen.

Ursache: Unterbrecherkontakte verschmort oder verschmutzt, Kontaktabstand zu groß oder zu klein, Wasser im Verteiler, Unterbrecherhebel sitzt fest, Feder gebrochen, Kurzschluß oder Unterbrechung in der Wicklung, Kondensator durchgeschlagen, Zündschlüssel steckt nicht oder falsch, Wackelkontakte oder gebrochene Kabel.

Abhilfe: Hat die auf Seite 29 angegebene Untersuchung gezeigt, daß kein Funke überspringt, so untersuche man zunächst, ob der Unterbrecherhebel nicht klemmt oder festsitzt (siehe die Bilder 12 bis 15). Dies kann zur Folge haben, daß der Unterbrecher dauernd abgehoben bleibt und eine Unterbrechung des Zündstromes (Stromstoß) durch den Nocken nicht erfolgen kann. Man sorge für leichte Gängigkeit des Unterbrecherhebels. Gebrochene Federn müssen durch neue ersetzt werden. Dann untersuche man den Kontaktabstand. Er soll 0,3 bis 0,5 mm (Postkartenstärke) betragen. Um dies festzustellen, drehe man den Motor so lange, bis der Nocken die Unterbrecherkontakte vollständig voneinander abgehoben hat und prüfe, ob eine Lehre oder normale Postkarte sich leicht haftend zwischen die Kontakte schieben läßt.

Gibt es auch jetzt noch keinen kräftigen Funken, so untersuche man, ob die Kontakte verschmutzt oder verschmort sind. Die Kontakte sind mit ölfreiem Benzin zu reinigen. Sind sie verschmort, so ist das sicherste Mittel der Ersatz durch neue Kontakte. Für den äußersten Notfall genügt oft auch ein Abfeilen der sich auf den Wolfram- oder Platinkontakten gebildeten Höcker. Hierbei ist darauf zu achten, daß sämtliche kleinen Eisenspäne, die von der Feile herrühren, beseitigt werden, da es sonst leicht Kontaktschluß gibt. Eine Bildung von Zündfunken ist dann nicht möglich. Wichtig ist ferner die Untersuchung des Verteilers auf Schwitz- oder Regenwasserbildung. (Siehe Bild 16.) Der Verteiler muß stets sauber und trocken sein, die Verteilerkontakte dürfen keine Verbindung miteinander durch Wasser, Messingspänchen oder sonstige Verschmutzungen haben.

Wenn all diese Hilfsmittel nicht helfen und der Zündschlüssel richtig steckt, so ist anzunehmen, daß der Kondensator durchgeschlagen ist oder daß die Wicklungen unterbrochen oder kurzgeschlossen sind. In diesem Fall hilft nur eine Überholung durch den Fachmann.

Zuviel Frühzündung. Beim Anwerfen von Verbrennungsmotoren mit der Handkurbel soll man immer darauf achten, daß der Motor nicht zuviel Frühzündung hat, weil es sonst leicht Rückschläge geben kann, die unter Umständen zu Verletzungen und Verstauchungen Anlaß geben können. Viele Motoren haben automatische Zündverstellungen. Wenn sich bei diesen Motoren Rückschläge zeigen, ist anzunehmen, daß der Selbstversteller klemmt.

Bei Motoren mit Zündpunktverstellung von Hand ist in solchen Fällen mehr oder ganz auf Spätzündung zu stellen.

Frühzündung nennt man eine Zündung, die bereits dann erfolgt, wenn der Kolben seinen oberen Totpunkt noch nicht erreicht hat.

Spätzündung nennt man die Zündung, die erst dann erfolgt, wenn der Kolben den oberen Totpunkt erreicht oder ihn schon überschritten hat.

Weitere Anzeichen von zuviel Frühzündung sind starkes Klopfen und Überhitzen der Motoren. Man horche also den Motor auf Klopfen bei Früh- und Spätzündung ab und stelle auf den günstigsten Zündzeitpunkt ein. Man wird dadurch in den meisten Fällen auch eine Überhitzung des Motors vermeiden.

Zuviel Spätzündung. Ein Zeichen von zuviel Spätzündung kann geringere Leistung, Überhitzen und sogenanntes Patschen des Motors sein.

Unter Patschen oder Niesen versteht man ein Zurückschlagen durch den Vergaser: es knallt im Vergaser.

Entstehungsursache des Patschens und der dadurch bedingten schlechten Leistung ist in diesem Falle die zu spät eintretende Zündung. Sie hat zur Folge, daß die Verbrennung von zu kaltem oder zu warmem Gemisch noch bis zum Ansaughub andauert. Das Einlaßventil ist schon wieder geöffnet. Das frische Gemisch entzündet sich in der Ansaugleitung und schlägt bis zum Vergaser zurück. Auf diese Weise können auch Vergaserbrände entstehen, deren Bekämpfung später beschrieben wird.

Glühzündungen. Hat man sich von der richtigen Funktion der Zündanlage und der richtigen Zündeinstellung überzeugt und der Motor klopft und patscht trotzdem weiter, so kann man auf Glühzündung schließen. Bei Glühzündung fällt die Motorleistung stark ab, außerdem wird der Motor sehr heiß.

Das sicherste Zeichen von Glühzündung ist das Weiterlaufen des Motors trotz abgestellter Zündung. Bei Ottomotoren sagt man in diesem Falle: der Motor dieselt. Glühzündungen entstehen dadurch, daß sich im Verbrennungsraum irgendwelche dauernd glühenden Teile befinden, die das Gemisch schon beim Ansaugen oder Verdichten (besonders bei leicht entzündbaren Kraftstoffen und hoher Verdichtung) vorzeitig zur Entzündung bringen.

Die Ursachen können folgende sein: Zündkerzen mit zu niedrigem Wärmewert — Rißbildung im Stein einer Zündkerze — vorstehende scharfe Kanten (Spitzen des Kerzengewindes) — starke Ölkohlebildung bei überholungsbedürftigen Motoren — undichte Auslaßventile — vorstehende Zylinderkopfdichtungen.

Eine Abhilfe ist hier nur möglich durch gründliche Untersuchung des Verbrennungsraumes, der Kerzen, Kolben, Kolbenringe und Auslaßventile.

Vergaseranlage

Ein sehr wichtiger Bestandteil eines jeden Ottomotors ist der Vergaser oder auch Vernebler genannt (entspricht bei Einspritzmotoren der Einspritzpumpe).

Der Vergaser hat die Aufgabe, ein leicht entzündbares Kraftstoff-Luftgemisch herzustellen.

Der Kraftstoff wird normalerweise durch den beim Ansaugtakt entstehenden Unterdruck aus einer feinen Düse herausgesaugt und dabei vernebelt. Dieser Kraftstoffnebel vermischt sich sofort mit der gleichzeitig angesaugten Luft und vergast dabei schon teilweise. Auf dem Wege zum Zylinder wird dieses Gemisch durch den schon warmen Motor erwärmt und bildet so bei richtigem Mischungsverhältnis ein Gas, das sich leicht entzünden läßt und dessen Kraftstoffgehalt restlos verbrennt.

Bei kalten Motoren findet auf dem Wege zum Zylinder noch keine

Erwärmung statt. Der Kraftstoff vergast also nicht weiter, sondern kondensiert sogar, d. h. er schlägt sich in Form kleiner Kraftstofftröpfchen auf den kalten Ansaugleitungen nieder. Das Gemisch wird dadurch zu mager. In diesem Fall muß man also viel Kraftstoff zuführen, um trotzdem das richtige Mischungsverhältnis herzustellen. Während des Laufes dagegen muß wieder weniger Kraftstoff zugeführt werden, da die Ansaugleitungen inzwischen warm geworden sind und ein Niederschlagen des Kraftstoffes

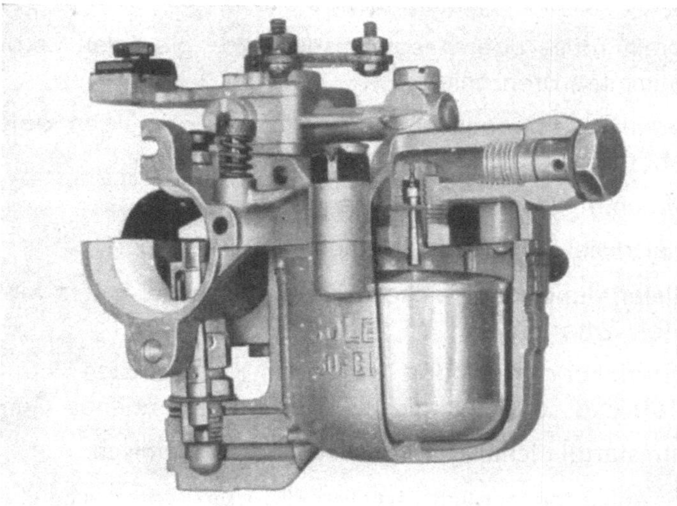

Bild 22. Moderner Vergaser: Schnittmodell

nicht mehr eintritt. Der Motor muß eine Leerlaufeinrichtung haben, damit er bei Gaswegnahme nicht einfach stehen bleibt. Beim Anwerfen warmer Motoren darf das Gemisch nicht angereichert werden, da es sonst zu fett wird und der Motor dann deshalb nicht anspringt.

Kurz und gut, der Vergaser hat die verschiedensten Anforderungen zu erfüllen. Aus diesem Grunde erklärt sich auch sein verhältnismäßig komplizierter Aufbau.

Ein m o d e r n e r V e r g a s e r besteht aus vielen Einzelteilen (siehe Bild 22).

Das Schwimmergehäuse nimmt den Kraftstoff auf. Im Kraftstoff befindet sich ein Schwimmer, der die Aufgabe hat, den Zulauf des Kraftstoffes und die Kraftstoffspiegelhöhe zu regulieren. Steigt der Kraftstoffspiegel zu hoch (der Vergaser läuft über), sperrt der Schwimmer durch Schließen eines Nadelventils den Kraftstoffzufluß. Fällt der Kraftstoffspiegel, öffnet sich das Ventil wieder.

Die Hauptdüse, die oft mit sogenannten Bremsdüsen versehen ist, teilt die richtige Kraftstoffmenge zu.

Die Korrekturdüse oder Ausgleichsdüse korrigiert den Verbrauch bei bestimmten Drehzahlen.

Die Leerlaufdüse übernimmt die Zuteilung der richtigen Kraftstoffmenge bei Leerlauf.

Der Lufttrichter dosiert die Luftmenge.

Die Zusatzdüse dosiert die Luftmenge bei Leerlauf.

Die Kaltstarteinrichtung reichert das Gemisch bei kalten Motoren und kalter Witterung an.

Die Starterklappe verhindert bei kalten Motoren den Zutritt von zuviel Luft und sorgt auf diese Weise für ein reiches Gemisch.

Die Warmstarteinrichtung sorgt für mageres Gemisch.

Die Drosselklappe endlich reguliert die dem Motor zuzuführende Gemischmenge und damit die Drehzahl.

Bei Motoren mit Drehzahlregler hat der Vergaser oft noch eine besondere Reglerklappe, die die Aufgabe hat, dem Motor die je nach Belastung richtige Gemischmenge zuzuführen und damit die Drehzahl zu regeln. Oft ist die Drosselklappe selbst als Reglerklappe ausgebildet. Motoren mit Drehzahlreglern werden in der Hauptsache bei solchen Aggregaten angewendet, die immer eine gleichbleibende Drehzahl haben müssen, ganz gleich ob ohne Last oder mit Vollast gefahren wird.

Man unterscheidet bei Vergasern zwischen Schwimmervergasern und schwimmerlosen Vergasern. Schwimmerlose Vergaser sind: Ventilvergaser und Nadelvergaser, die hauptsächlich bei Kleinmotoren im Gebrauch sind und sich durch ihren einfachen Aufbau auszeichnen. Allerdings ist ihr Kraftstoffverbrauch sehr hoch.

Schwimmervergaser werden ausgeführt als Horizontal-, Vertikal- und Fallstromvergaser. Diese Vergaser werden auch noch durch die Art der Gemischdrossel unterschieden, je nachdem, ob man durch Drosselklappe oder durch Schieber reguliert. Die meisten Motorradvergaser sind Schwimmervergaser, die mit Schieber und Bowdenzug-Betätigung ausgerüstet sind. Bei stationären und Kraftwagenmotoren ist der Schwimmervergaser mit Drosselklappe und Gestängebetätigung vorherrschend.

Vergaserstörungen

Motor springt nicht oder nur schlecht an, obwohl die Zündanlage in Ordnung ist. Bei kaltem Motor wird besonders im Winter das Anspringen des Motors immer wieder Schwierigkeiten bereiten. Die Ursache ist die kalte Luft im Ansaugkanal des Motors. Der Kraftstoff vergast sehr schlecht und schlägt sich in Form kleiner Tropfen an den Wandungen nieder. Das dadurch entstandene zu magere Gemisch entzündet sich schwer und verbrennt außerdem unvollständig. Weitere Ursache kann eine zu kleine Düse (Leerlauf- oder auch Hauptdüse) sein. Oft ist auch die zu weit geöffnete Starter- oder Drosselklappe der Störenfried.

Die Hauptforderung — reiches Gemisch — läßt sich am einfachsten durch Stellung auf Kaltstart oder durch Überlaufenlassen des Vergasers erfüllen. Man drücke hierbei solange auf den an den meisten Vergasern noch angebrachten Tupfer oder Tipper (siehe Bild Seite 74), bis der Kraftstoff überläuft und schließe beim Andrehen die Starterklappe. Bei Motoren ohne Starterklappe deckt man die Ansaugöffnung etwa zwei Drittel zu, um dadurch weniger Luft und relativ mehr Kraftstoff anzusaugen.

Zeigt der Motor auch bei warmer Witterung ein schlechtes Anspringen, so ist die Leerlaufdüse zu säubern oder gegen eine größere auszuwechseln. Im allgemeinen sind die Motoren schon vom Werk aus mit der richtigen Düse eingestellt. Man überlasse deshalb das Auswechseln von Düsen am besten dem Fachmann

Ein häufiger Grund des Nichtanspringens ist eine verstopfte Hauptdüse. Diese Verstopfung kann sowohl durch im Kraftstoff enthaltenen Schmutz als auch durch Wassertropfen eintreten. Der meist staubartige Schmutz ist durch unsachgemäßes Einfüllen — meist schmutzige Kraftstoffkannen — in den Kraftstoff geraten. Er sammelt sich dann im Schwimmergehäuse des Vergasers (siehe Bild 23).

Wasser kann in den Kraftstoff aus dreierlei Ursachen gelangen. Bei Regenwetter können Regentropfen mit in den Kraftstoff geraten sein. Es kommt aber auch vor, daß trotz sorgfältigen Einfüllens sich doch Wasser im Kraftstoff befindet, vor allen Dingen dann, wenn der Motor lange nicht gelaufen ist. Dies kommt daher, daß sich entweder das in geringfügigen Mengen im Kraftstoff

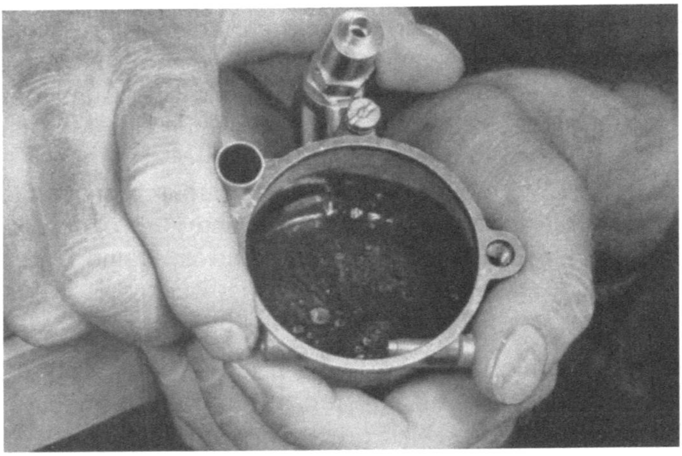

Bild 23. Schmutz und Wasser im Schwimmergehäuse des Vergasers

aufgelöste Wasser — vor allem bei Benzol — ausgeschieden hat oder daß sich durch starke Temperaturunterschiede zwischen Außenluft und Unterstellraum an den Wandungen des Kraftstoffbehälters Schwitzwasser gebildet hat. Dieses Wasser gerät dann leicht in die Schwimmerkammer. Von hier aus kommen Schmutz und Wasser in die Kraftstoffdüse und verstopfen sie. Zur Untersuchung der Düse schließt man zunächst den Kraftstoffhahn, nimmt die bei den meisten Vergasern leicht zugängliche

Haupt- und Leerlaufdüse heraus (siehe Bild 22) und prüft mit einem Blick durch die Düse, ob sie sauber ist. Etwa vorhandener Schmutz oder Wasser lassen sich am einfachsten durch Ausblasen mit dem Mund entfernen. Man achte jedoch darauf, daß kein Speichel in die Düse gerät.

Die saubere Düse wird wieder fest eingeschraubt, der Kraftstoffhahn geöffnet und der Motor angelassen.

Ist auch die Schwimmerkammer verschmutzt oder enthält sie Wasser (siehe Bild 23), so ist sie zu reinigen. Wasser ist schwerer als Kraftstoff, löst sich nicht darin und ist leicht am Boden der Schwimmerkammer zu erkennen.

Der Motor springt an, bleibt aber wieder stehen. Dies kann verschiedene Ursachen haben. Bei einigen Vergasern setzt sich ein vorhandener Wassertropfen bei stehendem Motor nicht direkt vor die Düsenöffnung. Er befindet sich wohl im Düsenkörper, bleibt aber infolge seines größeren Gewichts unten im Düsenkörper liegen. Direkt vor der Düsenöffnung befindet sich gerade soviel Kraftstoff, daß der Motor anspringen kann. Durch das sofortige Nachsaugen wird aber auch der Wassertropfen mit hochgerissen und setzt sich vor die Düsenöffnung. Es kommt also kein Kraftstoff mehr nach. Der Unterdruck oder die Ansaugkraft hinter der Düsenöffnung ist nicht so groß, daß der Wassertropfen durch die Düse gerissen wird. Der Motor bleibt also stehen. Bei weiteren Versuchen springt der Motor wohl immer wieder an, bleibt aber dann doch stehen. Also auch hier Vergaser und Düse reinigen. Als zweite Ursache besteht die Möglichkeit, daß der Kraftstoffhahn zum Vergaser geschlossen ist und der Motor nur mit dem im Vergaser enthaltenen Kraftstoff läuft. Eine dritte Ursache dieses Wiederstehenbleibens ist — in der Hauptsache bei Zweitakt-Motoren — ein vollständig verschmutzter oder verstopfter Schalldämpfer (Auspufftopf). In diesem Falle können die verbrannten Gase nicht aus dem Motor heraus und hindern so die frischen Gase am Eintritt in den Motor. Es ist also der Schalldämpfer zu säubern.

Viele Schalldämpfer sind auseinandernehmbar und können leicht gereinigt werden. Am sichersten ist ein Ausbrennen und Auskratzen des Schalldämpfers, wenn er nicht aus Leichtmetall besteht (sehr oft der Fall bei Bootsmotoren, Außenborder). Bei nicht zerlegbaren Schalldämpfern, die auch durch Ausbrennen nicht gesäubert werden können, hilft nur ein neuer sauberer Schalldämpfer. Jeder Motor dankt für einen guten Schalldämpfer durch erhöhte Leistungsabgabe.

Motor läuft unregelmäßig und zeigt schwarze Abgase. Die Hauptursache ist in diesem Fall zu fettes Gemisch. Das Gemisch verbrennt nicht vollständig. Der nicht verbrannte Kraftstoff zeigt sich sowohl am Schalldämpfer als auch an den Kerzen, Ventilen, Kolben usw. als Ruß.

Das zu fette Gemisch kann wiederum folgende Ursachen haben: Geschlossene Luftklappe, Luftansaugkanäle verstopft, zu große Düse, zu kleiner Lufttrichter oder auch zu schwerer oder undichter Schwimmer im Vergaser.

Bei zu schwerem oder undichtem Schwimmer im Vergaser steigt der Kraftstoffspiegel im Schwimmergehäuse so hoch, daß der Vergaser bei stehendem Motor dauernd überläuft. Bei laufendem Motor wird dann zuviel Kraftstoff angesaugt, da das Schwimmerventil zu spät oder gar nicht schließt. Das gleiche ist der Fall bei undichtem Nadelventil.

Hat man die Luft- oder Starterklappe geöffnet, die Ansaugkanäle gesäubert, kleinere Düsen eingesetzt, zeigt der Motor aber trotzdem noch unruhigen Lauf und schwarze Auspuffgase, so soll man möglichst einen Fachmann zu Rate ziehen.

Das Weiterfahren mit schwarzen Abgasen ist außerdem durch den sehr hohen Kraftstoffverbrauch außerordentlich teuer.

Motor patscht, wird heiß und setzt aus. Hier ist das Umgekehrte wie im vorigen Kapitel die Hauptursache. Das Gemisch ist zu mager. Mageres Gemisch brennt langsamer. Die Verbrennung dauert bei Beginn des Ansaughubes noch an und patscht dann in den Vergaser.

Das zu magere Gemisch kann folgende Ursachen haben: undichte Ansaugleitungen, bei Zweitaktmotoren auch undichtes Kurbelgehäuse, verstopfte Kraftstoffleitungen, wasserhaltiger Kraftstoff, zu kalter Vergaser, zu kleine Düsen, zu großer Lufttrichter oder auch zu niedriger Kraftstoffspiegel, d. h. zu leichter Schwimmer.

In diesem Falle sorge man zunächst für reinen Kraftstoff und säubere die Kraftstoffleitungen und Düsen. Man reibe aber nie die Düsen selbst auf, wenn man keine größeren zur Hand hat. Reichen diese Maßnahmen noch nicht aus, untersuche man die Ansaugleitungen vom Vergaser zum Zylinder auf Undichtigkeiten, bei Zweitaktmotoren das ganze Kurbelgehäuse. Durch diese Undichtigkeiten kann soviel zusätzliche Luft angesaugt und das Gemisch so mager werden, daß der Motor patscht, aussetzt, stehenbleibt oder auch gar nicht erst anspringt.

Man achte also auf gute Dichtungen und ziehe alle Befestigungsschrauben gut nach.

Bei Viertaktmotoren stelle man fest, ob das Einlaßventil dicht schließt und nicht hängen bleibt. Petroleum in die Ventilführungsbüchse einspritzen.

Motor bleibt stehen. Man prüfe zunächst durch Tippen, ob der Vergaser überläuft. Ist dies nicht der Fall, so ist in den meisten Fällen kein Kraftstoff im Vergaser oder im Tank. Oft ist auch nur der Kraftstoffhahn geschlossen. Weitere Möglichkeiten des Stehenbleibens sind: verstopftes Kraftstoffilter, verstopfte oder unterbrochene Kraftstoffleitungen, gebrochene Ventilfedern, undichte Kraftstoffpumpen und Unterdruckleitung oder Wasser und Schmutz in den Düsen.

In diesem Falle prüfe man, ob aus der Zuleitung genügend Kraftstoff zum Vergaser fließt. Man löse zu diesem Zweck die Verbindung zum Vergaser und prüfe auf diese Weise Leitungen und Filter bis zum Kraftstofftank, um Verstopfungen festzustellen.

Kraftstoffverbrauch zu hoch, Leistung sinkt. Die Ursache hohen Kraftstoffverbrauchs können undichte Leitungen, tropfender oder zu fett eingestellter Vergaser sein.

Die Abnahme der Leistung kann auf überhitzten oder unterkühlten Motor und schlechte Verdichtung, hervorgerufen durch undichte Kolben, gebrochene oder verklebte Kolbenringe, zurückzuführen sein. In solchen Fällen hilft grundsätzlich nur eine Überholung des ganzen Motors.

Vergaserbrand

Vergaserbrände können durch zuviel Spätzündung oder durch Rückschläge in den Vergaser bei zu magerem oder zu kaltem Gemisch entstehen. Ebenso besteht die Möglichkeit, daß das Einlaßventil hängenbleibt oder daß der Motor beim Anlassen zurückschlägt. Läuft der Motor bei einem Vergaserbrand, so versuche man zunächst den Kraftstoffhahn zu schließen und gebe sofort Vollgas. Dadurch wird erstens der Vergaser schnell entleert und zweitens werden die entstandenen Flammen in den Vergaser, d. h. in den Motor gesaugt.

Besteht diese Möglichkeit nicht, so schalte man die Zündung ab und versuche die Flammen mit Trocken- oder Schaumfeuerlöscher zu löschen. Sind solche Löscher nicht vorhanden, ersticke man die Flamme mit Tüchern, Sand, Erde oder Asche. **Auf keinen Fall lösche man mit Wasser.** Nicht zu ängstlich sein, der Kraftstofftank explodiert nicht gleich.

Fehlerquellen am Dieselmotor

Zündstörungen

Bei Dieselmotoren gibt es keine Zündanlage. Das Gemisch entzündet sich durch seine Eigentemperatur selbst. Die hohe Eigentemperatur wird durch die hohe Verdichtung (bis 1 : 18) erreicht. Man erkennt hieraus, daß Zündstörungen nur dann auftreten, wenn die Verdichtung nicht hoch genug ist oder wenn die Anlaßdrehzahl so niedrig ist, daß zuviel Wärme an die Zylinder abgegeben wird.

Die Ursachen zu geringer Verdichtung können folgende sein: Die Ventile sind undicht oder hängen, die Ventilfedern sind gebrochen, die Kolbenringe sitzen fest oder die Zylinderkopfdichtung ist undicht. Weiter besteht die Möglichkeit, daß die Luftklappe geschlossen ist, die Glühkerzen beschädigt sind oder die Kabel sich gelöst haben.

Einspritzpumpe und Düsenstörungen

Wie beim Ottomotor der Vergaser, so ist beim Dieselmotor die **Einspritzpumpe** das wichtigste Gerät.

Hier hat die Einspritzpumpe in Zusammenarbeit mit den Düsen die

Bild 24. Einspritzpumpe (Fabrikat Bosch)

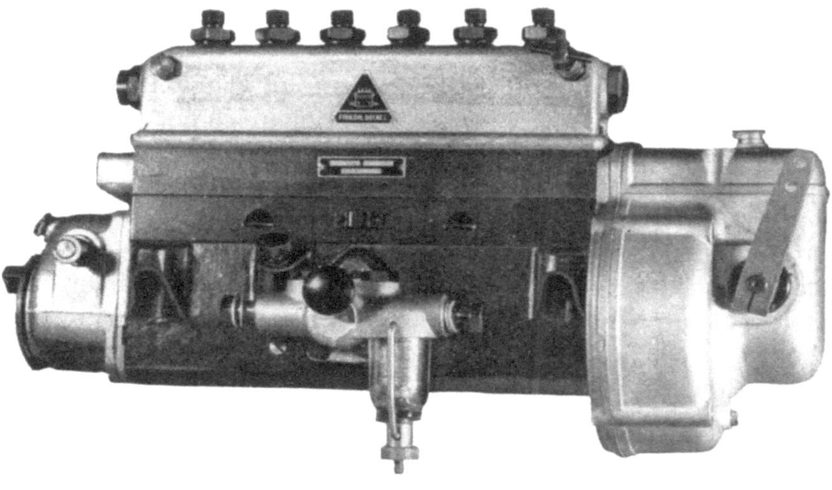

Bild 25. Einspritzpumpe (Fabrikat Deckel)

Aufgabe, soviel Kraftstoff in den Zylinder zu spritzen, daß sich entzündbares Kraftstoff-Luft-Gemisch bildet. Die Zündtemperaturen liegen beim Dieselmotor so hoch, daß sich zum Betrieb fast sämtliche schweren Kraftstoffe bis zum Steinkohlenteeröl eignen. Der normalerweise verwandte Dieselkraftstoff ist ein Gemisch aus vielen verschiedenartigen Kohlenwasserstoffen, hauptsächlich sogenanntes Gasöl. Die Einspritzpumpe (siehe die Bilder 24 und 25) soll je nach Größe des Motors bei jeder Umdrehung einige Kubikmillimeter Kraftstoff in kürzester und zur richtigen Zeit in den Zylinder spritzen. Der Druck, unter dem dieses Einspritzen geschieht, beträgt bis zu 500 Atmosphären. Sämtliche Zylinder müssen dabei die gleiche Kraftstoffmenge erhalten.

Aufbau und Wirkungsweise der Pumpe. Ein in einem druckdichten Zylinder befindlicher und durch eine Feder bewegter Kolben saugt durch ein Ventil zunächst eine kleine Menge Kraftstoff an. Durch eine Nockenwelle wird der Kolben gehoben, der Ansaugkanal schließt sich und der Kraftstoff wird durch ein Druckventil in die Druckleitung gedrückt. Von hier aus gelangt der Kraftstoff in die am Verbrennungsraum des Dieselmotors angebrachte Düse und wird durch diese fein zerstäubt in den Verbrennungsraum eingespritzt. Der zerstäubte Kraftstoff mischt sich sofort mit der angesaugten, aber schon heißen Luft, vergast, verbrennt gleich darauf und treibt so den Motor an.

Die Dosierung der Kraftstoffmenge erfolgt durch Drehen des Pumpenkolbens. Der Kolben selbst hat eine Schrägkante, die je nach Drehung des Kolbens den Kraftstoffansaugkanal früher oder später freigibt bzw. schließt. Durch die Drehung des Kolbens wird gleichzeitig die Drehzahl des Motors geregelt, wobei eine große Kraftstoffmenge der Vollastdrehzahl und eine kleine Kraftstoffmenge der Leerlaufdrehzahl entspricht. Zum Abstellen des Motors braucht man also den Pumpenkolben nur ganz herumzudrehen. Dann wird kein Kraftstoff mehr gefördert. Der Motor bleibt stehen.

Der **Regler** ist ein an die Einspritzpumpe angebauter Fliehkraftregler, der die Leerlaufdrehzahl konstant halten und die Höchstdrehzahl begrenzen muß.

Der **Spritzversteller** ändert bei schnellaufenden Motoren den Spritzbeginn. Er verdreht die Einspritzpumpenwelle gegenüber der Kurbelwelle des Motors.

Die **Düse** soll den Kraftstoff fein zerstäuben. Sie ist im Gegensatz zur Vergaserdüse sehr hohen Beanspruchungen sowohl durch Druck als auch durch Wärme ausgesetzt.

Die **Dieselkraftstofförderpumpe,** die normalerweise von der Einspritzpumpenwelle angetrieben wird, fördert als Kolbenpumpe immer nur so viel Kraftstoff wie der Motor braucht. Dies wird dadurch erreicht, daß der Kolben nicht fest mit der Nockenwelle der Förderpumpe verbunden ist (wie bei der Einspritzpumpe). Der freigleitende Kolben wird durch einen Stößel von der einen Seite immer in eine bestimmte Endstellung gedrückt und fördert dabei den Kraftstoff zur Einspritzpumpe und auf die andere Kolbenseite. Zurückgeführt wird der Kolben durch eine Feder. Bei diesem Hub saugt er neuen Kraftstoff an, und zwar soviel, wie die Feder in die Leitungen bis zum Einspritzpumpenkolben hineindrücken konnte. Der Kolben hat also bei Leerlauf einen kleinen und bei Vollast einen großen Hub. Der Förderhub (Federhub) ist gegenüber dem immer gleichbleibenden Stößelhub um so kleiner, je langsamer der Motor läuft.

Das **Kraftstoffilter** hat die Aufgabe, den Kraftstoff zu reinigen. Es muß also selbst auch von Zeit zu Zeit gereinigt werden. Im Filter befindet sich ein Überströmventil, das unerwünschte Drucksteigerungen verhindert. Gleichzeitig wird der Kraftstoff entlüftet, damit keine Luftblasen zur Einspritzpumpe gelangen, die u. U. den Motor zum Stillstand bringen können.

Allgemeine Dieselmotorstörungen

Motor springt nicht an. Die Ursachen des Nichtanspringens der Dieselmotoren können sehr verschieden sein. Der Hauptstörenfried ist die Einspritzpumpe, die auf kleinste Funktionsfehler anspricht. Vor dem Anlassen des Diesels ist es wichtig, die Kraftstoffzufuhr nachzuprüfen. Man pumpe zunächst kräftig vor und sorge für einwandfreie Entlüftung der Kraftstoffleitungen.

Dann untersuche man, ob die Pumpe überhaupt fördert. Zu diesem Zweck löse man oben am Zylinder eine der zur Düse führenden Kraftstoffdruckleitungen, drehe den Motor durch und achte darauf, ob Kraftstoff gefördert wird (beim Wiederanschrauben darauf achten, daß keine Luft in den Leitungen ist. Vorpumpen und entlüften). Fördert die Pumpe nicht, so können folgende Ursachen vorliegen: Der Kraftstoffhahn ist geschlossen oder der Tank ist leer. Das Kraftstoffilter zwischen Förder- und Einspritzpumpe ist verstopft. Die Förderpumpe selbst fördert nicht. Das Überströmventil ist verschmutzt oder die Feder gebrochen. Es ist Luft in der Einspritzpumpe oder die eingestellte Fördermenge ist zu klein.

Weitere Ursachen des Nichtanspringens sind:

Zu spätes oder zu frühes Einspritzen des Kraftstoffes (Nachsehen ob Spritzversteller richtig steht).

Nichtarbeitende Düsen, undichte Düsen, undichte oder nicht entlüftete Druckleitungen, Entlüftungsschrauben am Düsenhalter geöffnet, Düsensitz am Düsenhalter verschmutzt oder beschädigt. Zu geringe Verdichtung. Nachsehen ob Ventile hängen oder Ventilfeder gebrochen ist, ob die Luftklappe geöffnet ist und ob die Zylinderkopfdichtung in Ordnung ist.

Motor springt an, bleibt aber gleich wieder stehen. Die Ursachen können folgende sein:

Kraftstoffleitung zur Einspritzpumpe geschlossen, verstopft oder undicht.

Kraftstoffilter verstopft, reinigen.

Luft in der Einspritzpumpe, verursacht durch undichte oder beschädigte Saugleitung zur Pumpe oder auch durch gelöste Verschlußstopfen. Luft in der Saugleitung heißt abgerissene Kraftstoffsäule.

Förderpumpe fördert nicht. Die Ursache können hier verschmutzte Ventile, klemmende Kolben, verstopftes Filter vor der Förderpumpe oder auch verstopfte Belüftung des Kraftstofftanks sein.

Motor bleibt im Leerlauf stehen. Der Regler an der Einspritzpumpe arbeitet nicht einwandfrei.

Motor kommt nicht auf volle Drehzahl. Zu geringe Kraftstoffmenge. Entweder zu wenig eingestellt oder schlechtes Arbeiten der Förderpumpe. Außerdem kann der Regler nicht in Ordnung sein.

Motor geht durch. Der Reglermechanismus oder die Reglerstange sitzen fest. Verursacht wird dies meist durch einen gefressenen, hängengebliebenen oder verschmutzten Einspritzpumpenkolben.

Motor arbeitet unregelmäßig, weil die Einspritzpumpe nicht einwandfrei arbeitet. Es können ein oder mehrere Pumpenkolben hängengeblieben sein, die Pumpe kann undicht sein oder die Druckventilfedern sind gebrochen, das Ventil ist undicht oder klemmt. Hier hilft man sich am einfachsten dadurch, daß man die Druckleitungen zu den Düsen bei laufendem Motor nacheinander löst und darauf achtet, ob die Drehzahl beim Lösen einer Düsenleitung sinkt und beim Anziehen wieder steigt. Sinkt die Drehzahl bei einer Düsenleitung nicht, so hat man den Störenfried entweder in Form einer undichten Leitung, eines hängengebliebenen Pumpenkolbens oder einer verstopften, undichten oder beschädigten Düse. Weitere Ursachen können verstopftes Kraftstoffilter oder zu große Druckunterschiede an den Düsen sein. Die großen Druckunterschiede können wiederum auf undichte Düsen und Druckleitungen zurückgeführt werden.

Motor raucht und klopft. Die häufigste Ursache ist in diesem Falle die falsche Einstellung des Spritzverstellers. Die Pumpe spritzt zu spät ein. Weiter können der Düsendruck zu niedrig und die Düsen verstopft oder verkohlt sein. Wenn in einer Nadeldüse die Düsennadel klemmt oder sich Schmutz unter dem Düsensitz befindet, wird der Kraftstoff unzerstäubt eingespritzt. Ebenso kann ungenügende Verdichtung die Ursache sein.

Der Motor rußt. Das häufig vorkommende Rußen der Dieselmotoren liegt fast immer an einer falschen Einstellung. Die Pumpe fördert zuviel Kraftstoff oder der Motor hat Luftmangel durch nicht ganz geöffnete Luftklappe. Der Einspritzpunkt, die Ventilsteuerung, der Regleranschlag oder die Pumpenkolbeneinstellung sind verstellt. Rußt der Motor trotz richtiger Einstellung weiter, so kann es auch an undichtem oder verstopftem Luftfilter liegen.

Der Motor klopft stark. Ist dies der Fall, ist immer Vorsicht geboten. Die Kurbelwellen- und Pleuellager oder auch die Kolbenbolzenbohrungen können ausgeschlagen sein. Der Motor kann dadurch leicht zerstört werden. Durch zu geringe Verdichtung kann der Zündverzug zu groß werden oder die Pumpe spritzt zu früh ein.

Der Motor leistet zu wenig. Die Ursachen zu geringer Leistung können mannigfaltig sein. Entweder spritzt die Pumpe zu wenig ein, der Einspritzzeitpunkt ist falsch, die Ventile sind undicht, die Düsen sind nicht in Ordnung, die Kolbenringe sitzen fest oder aber der Motor wird schlecht gekühlt und geschmiert.

Motor raucht weiß oder bläulich. Der Motor ist zu kalt, der Einspritzpunkt liegt zu spät, die Verdichtung ist zu gering oder der Motor hat durch zu langes Leerlaufenlassen zuviel Schmieröl bekommen.

Allgemein kann gesagt werden, daß die meisten Störungen am Dieselmotor auf die Einspritzpumpe oder die Kraftstofförderpumpe zurückzuführen sind. Man behandle also zunächst immer diese Anlage, ehe man an innere Teile dieses Motors herangeht.

Die Batterie*

Allgemeines

Die meisten Verbrennungsmotoren werden elektrisch angelassen. Diese Arbeit übernimmt der Anlasser. Der Anlasser erhält den erforderlichen Strom von der Batterie.

An kalten Tagen erfordert die Überwindung der großen Widerstände eine besonders große Kraft des Anlassers. Die Batterie muß daher bei großer Kälte besonders viel Strom abgeben. Bei tiefen Temperaturen sinkt jedoch das Leistungsvermögen (Kapazität) der Batterie sehr stark. Bei —15° C. beträgt die Kapazität nur noch die Hälfte gegenüber dem Leistungsvermögen bei + 25° C. Der Kraftbedarf des Anlassers wird bei tiefen Temperaturen immer größer. Wenn der Motor gut anspringen soll, muß schnell durchgedreht werden. Die Batterie muß also gerade dann, wenn sie die kleinste Leistungsfähigkeit besitzt, die größte Leistung abgeben.

Hieraus geht hervor, daß eine der wichtigsten Voraussetzungen für gutes Anspringen des Motors eine gut gepflegte, möglichst voll geladene Batterie ist.

Man kann die Batterie ihres Gewichtes und der Kosten wegen nicht so groß bauen, wie dies oft erwünscht wäre. Da die Batterie meistens unsichtbar eingebaut ist, können beginnende Störungen nicht gleich erkannt werden. Jeder Kraftfahrer muß sich deshalb zum Grundsatz machen:

> **Besonders gut aufpassen und sich im Winter mindestens jede Woche einmal um die Batterie kümmern.**

Aufbau der Batterie

Die Batterie, auch Sammler genannt, sammelt den von der Lichtmaschine erzeugten Strom und gibt ihn je nach Bedarf an den Anlasser, die Zündung, die Leuchten oder an andere Stromverbraucher wieder ab.

* Neuerdings wird der Ausdruck „Batterie" durch „Sammler" ersetzt. Mit Hinsicht auf den besonderen Charakter des Buches wird in diesem Falle der Ausdruck „Batterie" noch beibehalten.

Es gibt „strom- und spannungsregelnde" Lichtmaschinen. Bei „Spannungsregelung" wird die Spannung der Lichtmaschine durch einen besonderen Regler unabhängig von der jeweiligen Drehzahl und Belastung auf dem vorgeschriebenen Wert gehalten. Die spannungsregelnde Lichtmaschine gibt mit zunehmendem Ladezustand der Batterie immer weniger Strom in die Batterie, bei voller Batterie nur noch einen kleinen Reststrom.

Bei der billigeren „stromregelnden" Lichtmaschine dient die parallel zur Lichtmaschine geschaltete Batterie dazu, die Spannung zu halten. Diese Lichtmaschine lädt leere Batterien wenig und volle stark auf. Dadurch ergibt sich vor allem im Sommer ein starkes „Gasen" der Batterie und damit ein hoher Wasserverbrauch. Es muß also oft destilliertes Wasser nachgefüllt werden. Der Unterschied zwischen beiden Verfahren besteht darin, daß bei der „Spannungsregelung" der Regler und bei „Stromregelung" die Batterie die Spannung bestimmt. Die stromregelnde Lichtmaschine kann also nur mit der Batterie zusammenarbeiten, die spannungsregelnde jedoch auch ohne Batterie.

Moderne Motoren arbeiten heute in der Hauptsache mit spannungsregelnden Lichtmaschinen.

Die am meisten verwendete Bleibatterie besteht aus einem säurebeständigen Isolierstoffbehälter (meist Hartgummi oder Glas) und ist in einzelne Zellen eingeteilt. Diese Zellen enthalten je einen positiven und einen negativen Bleiplattensatz und sind säurefest und dicht vergossen. Die Platten selbst stehen ganz in verdünnter Schwefelsäure. Sämtliche Bolzen usw. sind verbleit oder ganz aus Blei, da Blei säurefest ist.

Pflege der Batterie

Die Batterie soll niemals ganz entladen und auch nicht überladen werden. Eine richtig geladene Batterie hat eine lange Lebensdauer und friert im Winter auch nicht ein. Entladene Batterien frieren bereits bei —10° C ein, vollgeladene erst bei —65° C. Im Winter wird die Batterie durch Licht und Anlasser stark beansprucht und durch die Lichtmaschine oft nicht genügend aufgeladen. Im Sommer ist die Batterie weniger beansprucht und kann durch die Lichtmaschine leicht überladen werden.

Um **zu starkes Entladen** zu vermeiden, beachte man folgende Regeln: Beim Anlassen nie länger als 15 Sekunden auf den Anlaßknopf drücken und Ruhepausen dazwischen legen. Möglichst keine Leuchten usw. einschalten. Bei leerlaufendem Motor im Winter dauernd so beschleunigen, daß die rote Kontrollampe am Armaturenbrett erlischt. Bei erloschener Lampe lädt die Lichtmaschine die Batterie auf, wenn nicht unnötige Lampen brennen. Der **Gefahr des Überladens** begegnet man am einfachsten durch Einschalten einer kleineren Leuchte bei Betriebsruhe (nur im Sommer). Entladene Batterien nicht stehen lassen, bei Nichtgebrauch alle 4 Wochen laden.
Verschlußstopfen der Batterie in Ordnung halten, Entlüftungslöcher stets offen halten, damit die beim Laden entstehenden Gase entweichen können. Polklemmen von Zeit zu Zeit einfetten. Bei großer Hitze (Tropen) Säuredichte verringern (siehe Tabelle Seite 55). Bei Frostgefahr Säuredichte erhöhen, auf 32 Bé, bzw. Säure auf 1,28 spez. Gewicht bringen.
Auf jeden Fall lasse man im Herbst und im Frühjahr die Batterie durch einen Fachmann nachsehen (Behelfsmäßige Lademöglichkeiten siehe Seite 58). Von Zeit zu Zeit überzeuge man sich davon, ob der Säurespiegel etwa 10 bis 20 mm über der Plattenoberfläche steht. Hat man einen Säuremesser zur Hand, überzeuge man sich auch von der richtigen Säuredichte. Beim Nachfüllen nehme man nur destilliertes Wasser. Abgekochtes Wasser ist unbrauchbar, da es schädliche Metall- und Chlorverbindungen enthält. Weiter achte man auf angefressene Polklemmen. Die in der Säure enthaltene Schwefelsäure frißt diese Klemmen an und bildet einen kristall- oder schimmelartigen Überzug. Dieser Überzug ist mit heißer Sodalauge abzuwaschen und abzutrocknen. Dann ist mit Säureschutzfett gut einzufetten. Bei sämtlichen Arbeiten an der elektrischen Anlage ist ein Batteriekabel zu lösen bzw. der Batterie-Hauptschalter auszuschalten. Immer ist darauf zu achten, daß während des Betriebes sämtliche Kabel- und Klemmanschlüsse gut angezogen sind.
Sollte bei Arbeiten an der Batterie die Säure auslaufen, so ist diese mit Sodalösung oder Salmiakgeist unschädlich zu machen. Ausgelaufene Säure ist durch neue Säure gleicher Dichte zu ersetzen. Hergestellt wird diese Säure aus destilliertem Wasser

und 96prozentiger konzentrierter Schwefelsäure. Um für vollgeladene Batterien 1 Liter brauchbare Säure herzustellen, gießt man 260 cm³ konzentrierte Schwefelsäure in 740 cm³ destilliertes Wasser und rührt dabei mit einem Glas- oder Hartgummistab um. Dies ergibt eine Säuredichte von 32° Baumé oder ein Litergewicht (Dichte) von 1,285 kg.

Nie gieße man das Wasser in die Schwefelsäure, sondern immer die Säure in das Wasser, um explosionsartige Erscheinungen zu vermeiden. Die Säuredichte der entladenen Batterie darf nicht kleiner als 15—18° Bé = 1,11—1,14 kg/l und die der vollen nicht größer als 32° Bé = 1,285 kg/l sein. Die Gradeinteilung findet man auf dem Säuremesser (Meßpipette, Aräometer). Für tropische Länder darf die Säuredichte der vollgeladenen Batterie nicht mehr als 27° Bé = 1,23 kg/l betragen. Um diese Dichte zu erhalten, mischt man 210 cm³ konzentrierte Schwefelsäure mit 790 cm³ destilliertem Wasser.

Batteriestörungen

Batterie entlädt sich rasch

Die Ursachen zu rascher Entladung können verschiedenartig sein. Entweder entlädt sich die Batterie selbst durch irgendeinen Kurzschluß in den Leitungen oder durch eine dünne Schicht Schwefelsäure auf der Oberfläche der Batterie, oder sie wird, besonders im Winter, zu stark in Anspruch genommen. Man achte bei eingestecktem Zündschlüssel immer darauf, daß die Kontrollampe bei stehendem oder langsam laufendem Motor brennt. Brennt diese Lampe nicht, dann schaltet das sogenannte Laderelais nicht aus und die Batterie entlädt sich. Weitere Ursachen können zu schwache Aufladung oder auch das Alter der Batterie sein. Entladene Batterien müssen sofort nachgeladen werden.

Der Ladezustand einer Batterie läßt sich leicht durch Messen der Säuredichte prüfen.

Ladezustand	Normal in Europa Bé° Dichte	Spez. Gew. der Säure	In d. Tropen Bé° Dichte	Spez. Gew. der Säure	Gefrierpunkt °C Normal in Europa	In den Tropen
Batterie gut geladen	32	1,285	27	1,23	—65	—50
Batterie halb geladen	27	1,23	23	1,19	—50	—22,5
Batterie entladen . .	15—18	1,11—1,14	13	1,10	—22,5 bis —10	—7,6

Batterie zu stark geladen

Die Ursache ist immer zu geringer Stromverbrauch, vor allen Dingen dann, wenn die Batterie durch eine stromregelnde Lichtmaschine geladen wird.

Um hier abzuhelfen, muß entladen werden, indem man mehrere Verbraucher einschaltet. Die meisten stromregelnden Lichtmaschinen haben eine Sommer- und Winterstellung. Man achte also auf die richtige Stellung. Es ist für eine überladene Batterie immer gut, wenn sie manchmal entladen und wieder aufgeladen wird.

Das Laden der Batterie

Grundsatz: Eine Batterie kann **nur mit Gleichstrom** geladen werden. Beim Laden überzeuge man sich also immer zuerst, ob man Gleichstrom vor sich hat. Auf jedem elektrischen Zähler ist die Stromart angegeben. Gleichstrom erkennt man auch an dem des öfteren angebrachten Zeichen „=".

Findet man das Zeichen „~", hat man es mit Dreh- oder Wechselstrom zu tun. In diesem Fall muß man durch Zwischenschalten eines Gleichrichters (siehe Bilder 26 und 27) den Dreh- oder Wechselstrom in Gleichstrom verwandeln. Die Herstellung eines Gleichrichters mit einfachen Mitteln ist schwierig. Im Rahmen dieses Buches kann die Herstellung eines Gleichrichters nicht behandelt werden.

Am bekanntesten sind die Trockengleichrichter und der Glühkathodengleichrichter (siehe Bild 26 und 27), die durch Einbau von Transformatoren gleichzeitig für Batterieladung eingerichtet sind. Bei Verwendung dieser Gleichrichter braucht also kein Widerstand zwischengeschaltet zu werden.

Die Batterien arbeiten normalerweise mit einer Spannung von 6 oder 12 Volt. Da das Stromnetz aber eine Spannung von 110 oder 220 Volt besitzt, muß durch Einschalten von Widerständen zwischen Stromnetz und aufzuladender Batterie für entsprechenden Ladestrom gesorgt werden. Die Ladestromstärke soll gleich oder kleiner als ein Zehntel der Kapazitätszahl der Batterie sein.

Bild 26 und 27. Laden einer Batterie durch Zwischenschalten eines Trockengleichrichters (oben) bzw. eines Glühkathodengleichrichters (unten)

Die Kapazität beträgt bei normalen mittleren Kraftfahrzeugbatterien 45 bis 60 Amperestunden, bei Lastwagen 100 Ah und darüber.

Im folgenden werden einige Lademöglichkeiten mit Zwischenschaltung von Widerständen genannt, die bei allerdings hohem Stromverbrauch den Vorzug größter Einfachheit haben. In den meisten Fällen wird man sich diese Lademöglichkeit leicht selbst schaffen können.

Ermittlung der Polarität

Wie aus sämtlichen im folgenden angegebenen Schaltplänen hervorgeht, muß immer der Minus-Pol (—) der Batterie mit der Minusleitung des Stromkreises und der Plus-Pol (+) mit der Plusleitung verbunden werden.

Es muß also die sogenannte Polarität festgestellt werden.

Die bekanntesten und für den Elektriker auch einfachsten Mittel sind die Feststellung der Polarität durch das sogen. **Pol-Reagenz-** oder das **Lackmuspapier.** Man legt das angefeuchtete Pol-Reagenzpapier auf eine Holzunterlage und drückt die beiden blanken Enden der Ladeleitung in einem Abstand von etwa 10 mm auf das nasse Papier. Das Papier färbt sich am Minuspol rot. Beim Lackmuspapier verfahre man genau so, nur färbt sich das Lackmuspapier am Minuspol blau und am Pluspol rot.

Wenn kein Pol-Reagenzpapier vorhanden ist, nehme man ein Gefäß mit Wasser, gebe etwas Kochsalz hinein, halte die freien Leitungsenden mit der nötigen Vorsicht gegen Stromschläge in das Wasser und beobachte, an welcher Leitung sich die stärkere Gasblasenbildung zeigt. Diese Leitung ist immer die Minusleitung.

Vorsicht! Nicht auf nassem Untergrund stehen und keine blanken Leitungsdrähte berühren.

Eine sehr einfache Ermittlung der Polarität ermöglicht die **Kartoffel.** Man stecke die freien Leitungsenden in einem Abstand von 1 bis 2 cm in eine mitten durchgeschnittene Kartoffel oder Kartoffelscheibe (siehe Bild 28) — es geht auch mit Äpfeln oder Rüben — und beobachte, an welchem der beiden unter Strom stehenden Leitungsenden ein starkes Schmoren und eine dunkle

Randbildung auftritt. Die in der Kartoffel enthaltene Stärke färbt sich am Minuspol blau-grün. Man achte jedoch darauf, daß das bei diesem Vorgang leicht aufbrausende Wasser der Kartoffel nicht mit den ungeschützten Fingern in Berührung kommt. Man erhält sonst leicht elektrische Schläge, die bei Stehen auf nassem Untergrund gefährlich werden können.

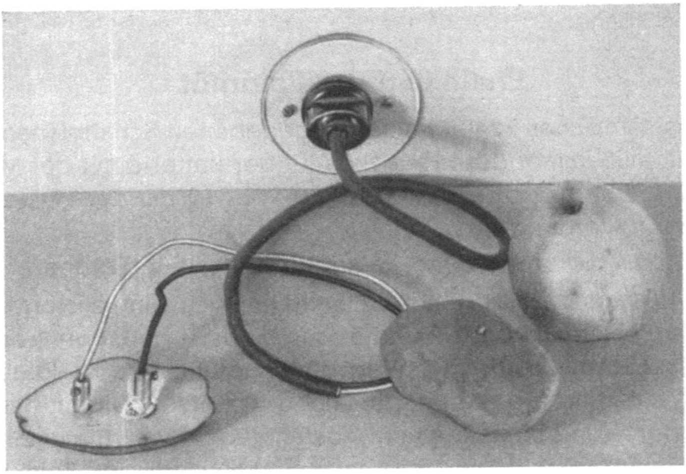

Bild 28. Ermittlung der Polarität durch Kartoffeln oder Äpfel

Hat man für Gleichstrom gesorgt und die Polarität festgestellt, kann man an das Laden der Batterien gehen. Hierbei müssen die Batterie-Verschlußstopfen entfernt werden.

Behelfsmäßige Lademöglichkeiten bei Gleichstrom 110 oder 220 Volt*

Zwischenschalten von Kohlefaden-Glühlampen

Um einen genügenden Ladestrom zu erhalten, sind als Widerstand mindestens vier Glühlampen nach Schaltschema Bild 29 und nach Bild 30 parallel zwischen Gleichstromquelle und Batterie zu schalten. Bei vier parallel geschalteten Glühlampen (Kohlefaden) ergeben sich nachstehende Ladeströme:

* Diese Lademöglichkeiten sind nur dann anzuwenden, wenn eine vorschriftsmäßige Ladestation nicht erreichbar ist. **Vorsicht** vor dem Berühren blanker Leitungen und vor nassem Untergrund. **Lebensgefahr!**

bei Lampen 110 V/16 Hefnerkerzen beträgt der Ladestrom 2 Amp.
bei Lampen 110 V/36 Hefnerkerzen beträgt der Ladestrom 4 Amp.
bei Lampen 110 V/50 Hefnerkerzen beträgt der Ladestrom 6 Amp.
bei Lampen 220 V/16 Hefnerkerzen beträgt der Ladestrom 1 Amp.
bei Lampen 220 V/32 Hefnerkerzen beträgt der Ladestrom 2 Amp.
bei Lampen 220 V/50 Hefnerkerzen beträgt der Ladestrom 3 Amp.

Bild 29. Laden einer Batterie durch Zwischenschalten von Glühlampen. Schaltschema

Bild 30. Laden einer Batterie durch Zwischenschalten von Glühlampen

Entladene Batterien müssen mit dem angegebenen Strom solange geladen werden, bis die Zellen zwei Stunden lang „gegast" haben, die Spannung der Batterie nicht mehr weitersteigt und die Säuredichte 32° Bé = 1,285 kg/l beträgt. Beim Laden der Batterie tritt eine Temperaturerhöhung ein, die 40° nicht überschreiten darf. Ist

* **Vorsicht!** Keine unter Strom stehenden blanken Leitungen berühren. Nicht auf nassem Untergrund stehen.

diese Temperatur der Batteriesäure erreicht, muß das Laden zeitweilig unterbrochen werden. Bei zu hoher Temperatur werden innere Teile der Batterie angegriffen. Der Laderaum muß immer gut entlüftet sein, da sich durch das Gasen Knallgas bildet, das sehr explosiv ist. Ein unter Spannung stehender Stromkreis darf in der Nähe der Batterie nicht unterbrochen werden. Durch Abklemmen entstehen Funken, die eine Explosion der Knallgase hervorrufen können. An frisch geladenen Batterien darf nicht gelötet oder mit offener Flamme geschweißt werden.

Die **Dauer des Aufladens** einer Batterie ist von verschiedenen Umständen abhängig. Bei einer entladenen Batterie von normaler Größe (Autobatterien von 60 Ah Kapazität) dauert beispielsweise das Laden bei einem Ladestrom von 6 Amp., d. h. bei Zwischenschalten von vier Kohlefadenlampen 110 V/50 Hefnerkerzen, etwa 12 bis 15 Stunden, bei einem Ladestrom von nur 2 Amp. die dreifache Zeit, also etwa 36 bis 45 Stunden.

Zwischenschalten normaler (Metalldraht-) Glühlampen

Der Stromdurchgang der heute üblichen Glühlampen ist bedeutend kleiner als der der früheren Kohlefadenlampen. Aus diesem Grunde sind nur Glühlampen mit hoher Wattzahl für die Ladung geeignet. Von den im Haushalt üblichen Größen (25 bis 60 Watt) müßte eine zu große Anzahl parallel geschaltet werden, um einen entsprechenden Ladestrom zu erhalten. Man nehme also nur Glühlampen mit einer Stromaufnahme von mindestens 75 Watt. Bei vier parallel geschalteten Glühlampen (Metalldraht) gemäß Bild 30 ergeben sich folgende Ladeströme:

bei Lampen 110 V/ 75 W beträgt der Ladestrom 2,7 Amp.
bei Lampen 110 V/100 W beträgt der Ladestrom 3,6 Amp.
bei Lampen 110 V/150 W beträgt der Ladestrom 5,4 Amp.
bei Lampen 110 V/200 W beträgt der Ladestrom 7,3 Amp.
bei Lampen 220 V/ 75 W beträgt der Ladestrom 1,3 Amp.
bei Lampen 220 V/100 W beträgt der Ladestrom 1,8 Amp.
bei Lampen 220 V/150 W beträgt der Ladestrom 2,7 Amp.
bei Lampen 220 V/200 W beträgt der Ladestrom 3,6 Amp.
bei Lampen 220 V/300 W beträgt der Ladestrom 5,4 Amp.

* **Vorsicht!** Keine unter Strom stehenden blanken Leitungen berühren. Nicht auf nassem Untergrund stehen.

Die **Ladedauer** einer 60 Ah-Batterie beträgt bei vier Lampen 110 V/100 W bei einem Ladestrom von 3,6 Amp. etwa 20 bis 25 Stunden und bei vier Lampen 220 V/100 W mit einem Ladestrom von nur 1,8 Amp. etwa 40 bis 50 Stunden.
Im übrigen sind bei sämtlichen Ladearten dieselben Vorsichtsmaßregeln wegen der Explosionsgefahr wie auf Seite 60 dargestellt, zu befolgen.

Zwischenschalten eines elektrischen Bügeleisens

Das Bügeleisen, das eine Leistungsaufnahme von 400 bis 600 W besitzt, wird nach Schaltschema 31 und Bild 32 angeordnet. Man

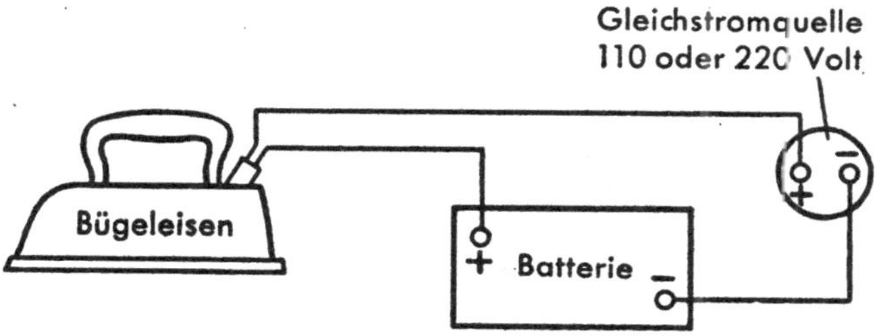

Bild 31. Laden einer Batterie durch Zwischenschalten eines elektrischen Bügeleisens. (Schaltschema)

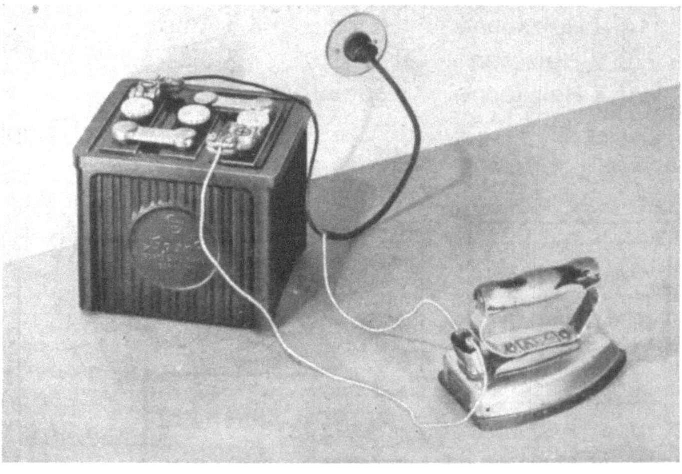

Bild 32. Laden einer Batterie durch Zwischenschalten eines elektrischen Bügeleisens

---

* **Vorsicht!** Keine unter Strom stehenden blanken Leitungen berühren. Nicht auf nassem Untergrund stehen.

unterbricht die eine der beiden Leitungen und verbindet die losen Leitungsenden mit den beiden Batterieklemmen. Man achte jedoch auf die Polarität, also Minuspol an Minusklemme und Pluspol an Plusklemme. Der Ladestrom beträgt dann

bei 110 Volt etwa 3,6 bis 5,5 Amp.,
bei 220 Volt etwa 1,8 bis 2,7 Amp.

Durch Parallelschalten von zwei Bügeleisen lassen sich diese Ladeströme verdoppeln, d. h. die Ladedauer kann bei entsprechend großer Batterie um die Hälfte herabgesetzt werden.
Achtung! Bügeleisen nie auf brennbare Unterlage (Holz, Stoff und dgl.) stellen.

Zwischenschalten eines elektrischen Heizofens, einer Heizsonne oder dergl.*

Die Leistungsaufnahme normaler Heizöfen beträgt 1000—1500 W, diejenige normaler Heizsonnen 500 Watt.
Man unterbricht wieder, wie beim Bügeleisen, die eine der beiden Zuleitungen und schaltet den Heizofen oder die Heizsonne nach Schaltschema 33 und den Bildern 34 und 35.

Es ergeben sich hierbei folgende Ladeströme:

110 V Heizöfen	Ladestrom 9,1 bis 13,6 Amp.,
110 V Heizsonne	Ladestrom 4,5 Amp.,
220 V Heizöfen	Ladestrom 4,5 bis 6,8 Amp.,
220 V Heizsonne	Ladestrom 2,3 Amp.

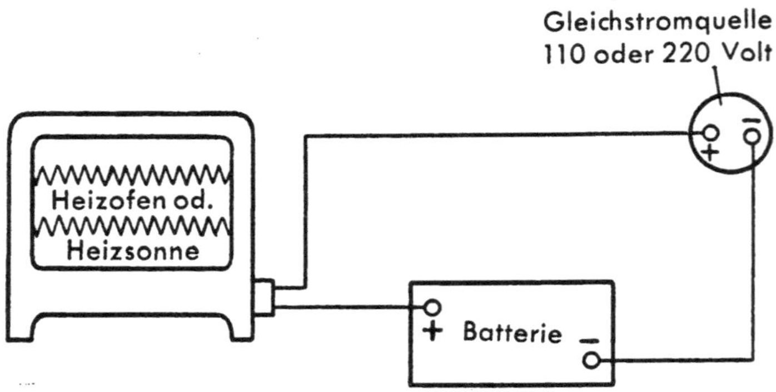

Bild 33. Laden einer Batterie durch Zwischenschalten eines elektrischen Heizofens oder einer Heizsonne. Schaltschema

* **Vorsicht!** Keine unter Strom stehenden blanken Leitungen berühren. Nicht auf nassem Untergrund stehen.

Bild 34. Laden einer Batterie durch Zwischenschalten eines elektr. Heizofens

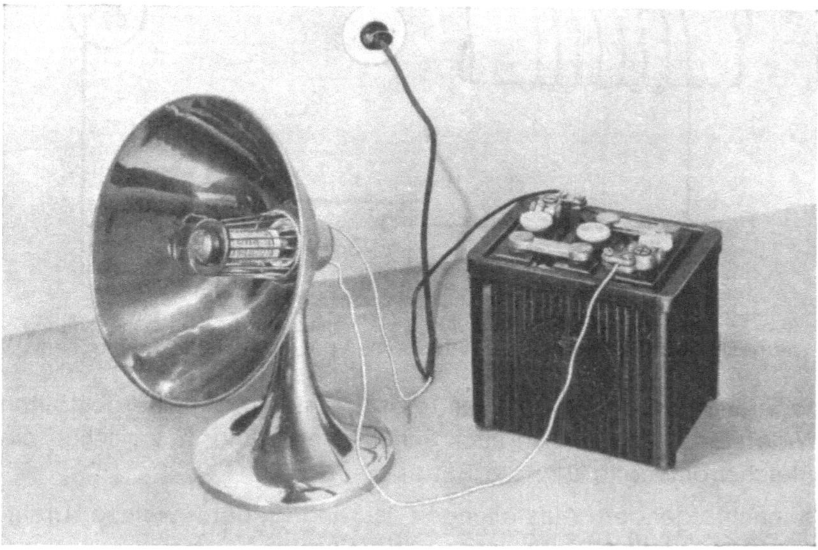

Bild 35. Laden einer Batterie durch Zwischenschalten einer elektr. Heizsonne
* **Vorsicht!** Keine unter Strom stehenden blanken Leitungen berühren. Nicht auf nassem Untergrund stehen.

Die **Ladedauer** beträgt

bei 1000 Watt-Heizofen /110 V etwa 9 bis 12 Stunden,
bei 500 Watt-Heizsonne/220 V etwa 30 bis 40 Stunden.

Zwischenschalten eines behelfsmäßig hergestellten Widerstandes aus Nickelin oder Eisendraht

Man nehme einen trockenen Ziegelstein, einen Holzstab oder irgendeinen anderen elektrisch nicht leitenden Körper und umwickle diesen mit Nickelin- oder Eisendraht. Die einzelnen Windungen dürfen sich nicht berühren, es sei denn, daß es sich um isolierten Draht handelt. Am einfachsten hilft man sich dadurch, daß man den Draht in kleine eingeschnittene Kerben legt.

Der Draht muß fest um das wärmeableitende Material gewickelt werden, weil er sonst durchbrennt. Die entstehende Wärme muß

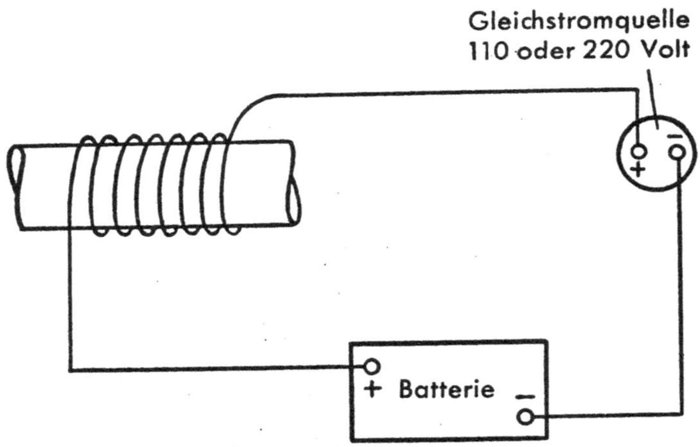

Bild 36. Laden einer Batterie durch Zwischenschalten eines behelfsmäßig hergestellten Widerstandes aus Nickelin- oder Eisendraht. Schaltschema

abgeführt werden. Den auf diese einfache Art hergestellten Widerstand schalte man nach Schaltschema Bild 36 zwischen die Gleichstromquelle und die Batterie.

In nachfolgenden Aufstellungen ist angegeben, welche Drahtdurchmesser und Drahtlängen nötig sind.

---

* **Vorsicht!** Keine unter Strom stehenden blanken Leitungen berühren. Nicht auf nassem Untergrund stehen.

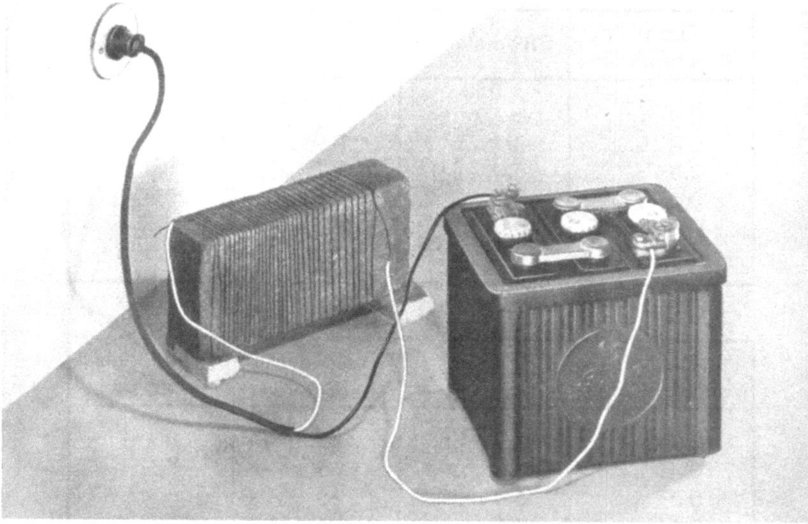

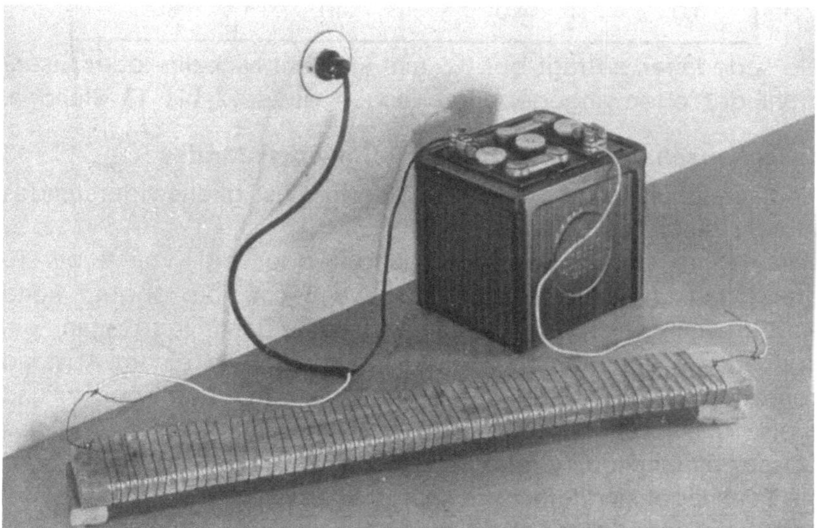

Bild 37 und 38. Laden einer Batterie durch Zwischenschalten eines behelfsmäßig hergestellten Widerstandes aus Eisen- bzw. Nickelindraht

* **Vorsicht!** Keine unter Strom stehenden blanken Leitungen berühren. Nicht auf nassem Untergrund stehen.

1. Nickelindraht

Draht-durchmesser	Stromstärke	Erforderliche Drahtlänge bei 110 Volt	bei 220 Volt
0,3 mm	2,2 Amp.	7,1 m	15,3 m
0,4 „	3,5 „	7,9 „	17,0 „
0,5 „	5,0 „	8,7 „	18,6 „
0,6 „	6,5 „	9,6 „	20,5 „
0,8 „	10,0 „	11,0 „	23,8 „
1,0 „	14,0 „	12,3 „	26,6 „

2. Eisendraht

Draht-durchmesser	Stromstärke	Erforderliche Drahtlänge bei 110 Volt	bei 220 Volt
0,3 mm	2,2 Amp.	23 m	50 m
0,4 „	3,5 „	26 „	55 „
0,5 „	5,0 „	28 „	60 „
0,6 „	6,5 „	31 „	66 „
0,8 „	10,0 „	36 „	77 „
1,0 „	14,0 „	40 „	86 „

Die Ladedauer beträgt bei 0,6 mm starkem Nickelin- oder Eisendraht der oben angegebenen Längen etwa 12 bis 13 Stunden.

Zwischenschalten eines Flüssigkeitswiderstandes

Die Herstellung eines behelfsmäßigen Flüssigkeitswiderstandes ist sehr einfach.

Man nehme einen Eimer, Steinguttopf oder dgl. von 8 bis 10 Liter Inhalt und fülle diesen bis etwa 3 cm vom oberen Rand entfernt mit sauberem Leitungswasser. Dann lege man ein trockenes Brett über den Eimer und schlage in einem Abstand von etwa 10 cm 2 Nägel von etwa 3 bis 4 mm Durchmesser und 8 bis 10 cm Länge so tief ein, daß sie etwa 3 cm tief in das Wasser eintauchen. (Siehe Schaltschema 39 und Bild 40.) Besser als Eisennägel sind Stifte aus Kupfer oder Blei.

Dann wird das Wasser durch einen geringen Zusatz von Kochsalz (auch Viehsalz ist geeignet) oder Schwefelsäure (die der Batterie entnommen werden kann) elektrisch leitend gemacht.

* **Vorsicht!** Keine unter Strom stehenden blanken Leitungen berühren. Nicht auf nassem Untergrund stehen.

Es sind in beiden Fällen nur kleine Mengen erforderlich, die jedoch mit dem Wasser gut gemischt werden müssen. Die der Batterie entnommene Schwefelsäure muß durch destilliertes Wasser wieder ersetzt werden, damit der Säurespiegel 10 bis 20 mm über der Plattenoberkante steht.

Auf 10 Liter Wasser nehme man 100 bis 150 g Salz oder höchstens

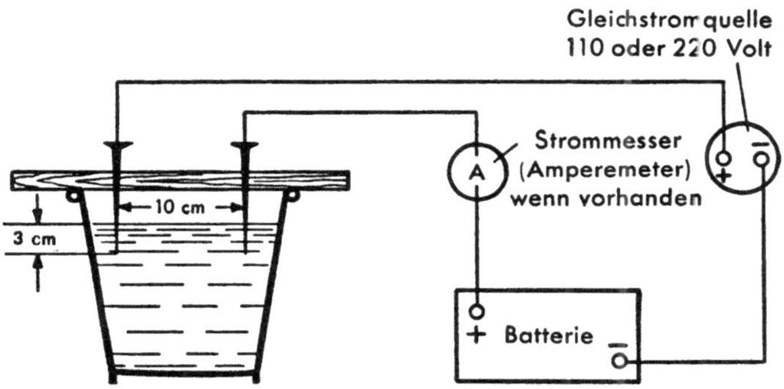

Bild 39. Laden einer Batterie durch Zwischenschalten eines Flüssigkeitswiderstandes. Schaltschema

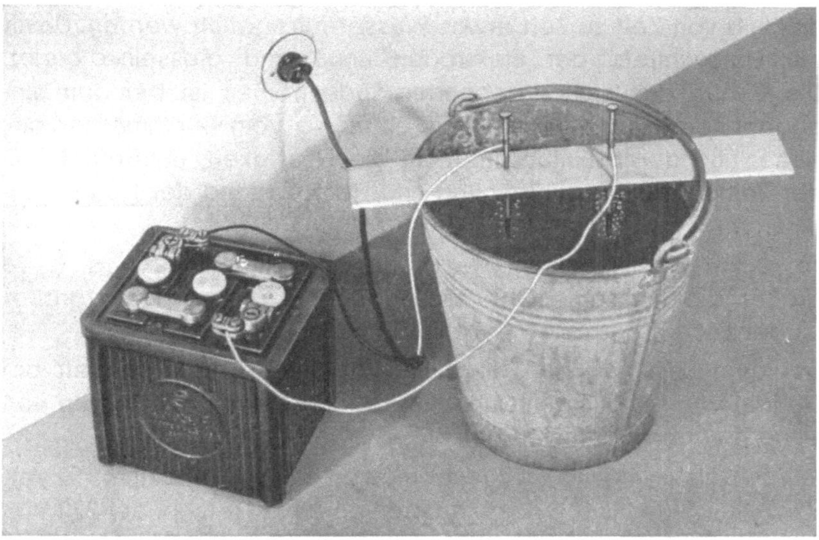

Bild 40. Laden einer Batterie durch Zwischenschalten eines Flüssigkeitswiderstandes

---

* **Vorsicht!** Keine unter Strom stehenden blanken Leitungen berühren. Nicht auf nassem Untergrund stehen.

80 ccm = ~100 g Schwefelsäure. Bei kleineren oder größeren Mengen Wasser entsprechend weniger oder mehr.

Wohnt man am Meer, kann man direkt dieses Wasser verwenden. Der Salzgehalt der Meere ist folgender:

Nordsee	3,5%
Atlantic	3,8%
Rotes Meer	4 %
Ostsee	0,8%
Mittelmeer	3,9%
Schwarzes Meer	1,8%
Großer Ocean	3,5%

Den auf diese Art hergestellten Flüssigkeitswiderstand schalte man nach Schaltschema 39 zwischen Stromquelle und Batterie. Beim Stromdurchgang bilden sich an den beiden in die Flüssigkeit eingetauchten Elektroden (Nägel) Gasblasen. Durch die Knallgasbildung besteht wiederum **Explosionsgefahr.** Der Raum muß gut entlüftet sein· „Nicht rauchen! Kein offenes Feuer!" Die Flüssigkeit erwärmt sich mit der Zeit und verdampft. Es muß deshalb von Zeit zu Zeit etwas Wasser nachgefüllt werden, damit die Eintauchtiefe der Elektroden annähernd diesselbe bleibt. Die Größe des sich ergebenden Ladestromes ist bei dem angegebenen Mischungsverhältnis abhängig vom Durchmesser der Nägel und deren Eintauchtiefe in die Flüssigkeit, außerdem von der Temperatur der Flüssigkeit und dem Abstand der Nägel voneinander.

Je dicker die Nägel und je größer die Eintauchtiefe, d. h. je größer die wirksame Oberfläche der Elektroden, desto größer ist der Ladestrom.

Bei dem angegebenen Mischungsverhältnis der Flüssigkeit bei Nägeln von etwa 3 mm Durchmesser und einer Eintauchtiefe von etwa 3 cm ergeben sich bei

Kochsalzlösung	Ladeströme von etwa 5 Amp. bei 110 Volt
und	Ladeströme von etwa 10 Amp. bei 220 Volt
Schwefelsäurelösung	Ladeströme von etwa 6 Amp. bei 110 Volt
und	Ladeströme von etwa 12 Amp. bei 220 Volt

* **Vorsicht!** Keine unter Strom stehenden blanken Leitungen berühren. Nicht auf nassem Untergrund stehen.

Die **Ladedauer** beträgt bei 12 Amp. etwa 8 bis 10 Stunden. Bei einer schwächeren Lösung von nur 30 ccm Schwefelsäure auf 10 Liter Wasser ergeben sich bei einem Nagelabstand von etwa 8 cm ungefähr folgende Ladeströme:

Eintauchtiefe der Elektroden	Netzspannung	Ladestromstärke bei Elektroden - Durchmesser 4 mm	12 mm
10 mm	110 Volt	2,5 Amp.	3,5 Amp.
	220 „	5,0 „	7,0 „
20 mm	110 Volt	4,0 Amp.	5,0 Amp.
	220 „	8,0 „	10,0 „
30 mm	110 Volt	5,0 Amp.	6,0 Amp.
	220 „	10,0 „	12,0 „

Vorgenannte Werte sind ungefähre Anhaltspunkte. Es empfiehlt sich, die tatsächliche Ladestromstärke mit einem Strommesser (Amperemeter) nachzumessen. Der Strommesser liegt unmittelbar im Stromweg (in der Plus-Leitung) und ist nach Schaltschema 39 einzuschalten. Manche (insbesondere ausländische) Wagen haben statt der in Deutschland üblichen Ladekontrollampe am Instrumentenbrett ein eingebautes Amperemeter, das zur Kontrolle der Ladestromstärke verwendet werden kann.

Zwischenschalten einer genügenden Anzahl Batterien

Batterien können aus einem Gleichstromnetz auch ohne Hilfsmittel aufgeladen werden, wenn eine genügende Anzahl Batterien hintereinander geschaltet wird.

Bei 6-Volt-Batterien sind ungefähr 7,8 Volt und bei 12-Volt-Batterien ungefähr 15,6 Volt Ladespannung nötig.

Bei 110 Volt sind 14 Batterien 6 Volt oder
7 Batterien 12 Volt
bei 220 Volt sind 28 Batterien 6 Volt oder
14 Batterien 12 Volt

nach Schaltschema Bild 41 und Bild 42 hintereinander zu schalten.

* **Vorsicht!** Keine unter Strom stehenden blanken Leitungen berühren. Nicht auf nassem Untergrund stehen.

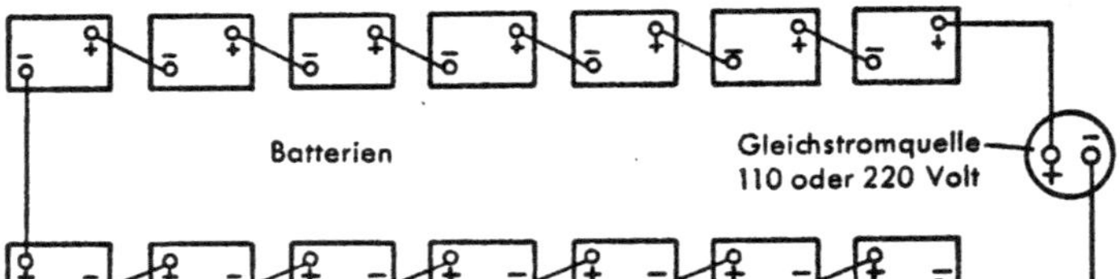

Bild 41 und 42. Laden einer Batterie durch Zwischenschaltung einer genügenden Anzahl Batterien

---

* **Vorsicht!** Keine unter Strom stehenden blanken Leitungen berühren. Nicht auf nassem Untergrund stehen.

Batterieschutz (wichtig!)

Die Energie der Batterien nimmt mit zunehmender Abkühlung sehr stark ab und kann bis auf die Hälfte der ursprünglichen Energie zurückgehen, selbst wenn es sich um eine ordnungsgemäß gewartete und vollgeladene Batterie handelt. Wenn die Möglichkeit besteht, die Batterie auszubauen und sie in einen geheizten Raum mitzunehmen, empfiehlt sich dies auf jeden Fall.

Um die Batterie beim Startvorgang zu schonen, muß der Motor grundsätzlich zuerst von Hand durchgedreht werden, um die erstarrte Schmierstoffschicht loszubrechen.

Man erspart sich auf alle Fälle viel Ärger und Verdruß, wenn man sich wenigstens einmal in der Woche um die meistens unsichtbar eingebaute Batterie kümmert. Nach längeren Betriebspausen versuche man mit allen Mitteln, die Batterie voll aufzuladen. Fast in jeder Ortschaft findet sich eine Reparaturwerkstatt mit Batterieladeeinrichtungen.

Es ist auch ratsam, die Batterie nach Möglichkeit vollständig in Filz, Stoff, Wellpappe usw. im Fahrzeug einzupacken, um sie vor zu starker Abkühlung zu schützen.

Muß man immer fahrbereit sein, wird empfohlen, die Motoren in bestimmten Abständen im Stand warmlaufen zu lassen. Damit die Batterie geladen wird, muß der Motor dauernd so beschleunigt werden, daß die rote Kontrollampe am Armaturenbrett nicht mehr aufleuchtet. Beim Laden möglichst keine Lampen usw. brennen lassen.

Frostschutzmittel im Kühlwasser

Wassergekühlte Motoren frieren im Winter leicht ein. Die Kühler, Kühlwasserleitungen und Zylinderkühlmäntel werden durch den auftretenden Eisdruck zerstört. Um dies zu verhindern, muß das gesamte Kühlwasser abgelassen werden, wenn der Motor längere Zeit stillgelegt wird. Es ist hierbei darauf zu achten, daß auch an den tiefsten Stellen des Kühlsystems kein Wasser mehr steht. Die Kühlerverschraubungen müssen beim Ablassen geöffnet sein. Bei Wiederinbetriebnahme des Motors ist reines, möglichst weiches und heißes Wasser (Regenwasser ist sehr gut) wieder aufzufüllen.

Will man sich diese Arbeit sparen, fügt man dem Wasser Frostschutzmittel zu, die ein Gefrieren des Kühlwassers verhüten. In nachstehender Tabelle sind einige Mischungen angegeben:

Frostschutzmittel	Raumteile in Wasser	Ergibt Frostschutz bis
Glykol	50	— 38° C
Glysantin K	35	— 20° C
	45	— 30° C
	50	— 40° C
Holzgeist	30	— 16° C
	40	— 24° C
	50	— 32° C

Brennspiritus schützt etwa 2 ° C weniger als Holzgeist und muß wie dieser des schnellen Vergunstens wegen öfter zugesetzt werden.

Glykol und Glysantin K verdunsten nicht, sollen aber nicht überlaufen, da davon betroffene Teile leicht rosten.

Ist ein Motor trotz dieser Vorsichtsmaßnahmen eingefroren, taut man ihn möglichst nur mit heißem Wasser auf. Das Auftauen mit Lötlampen und offenen Flammen ist gefährlich und führt bei zu krassem Aufwärmen erst recht zu Rohrbrüchen.

Motoren und Kühler bei Stillsetzen gut eindecken (siehe Seite 78 und folgende).

Anlaßmittel an kalten Tagen

Durchdrehen des Motors

Zunächst vergewissere man sich, ob der Motor mit dem richtigen Öl gefahren wird. Man muß in jedem Fall den Motor — am besten von Hand — so lange durchdrehen, bis er sich leicht dreht. Erstens wird dadurch ein Festfressen verhindert und zweitens durch das schnellere Drehen ein hoher Druck sowie bei Ottomotoren ein kräftiger Zündfunke erzeugt (sehr wichtig bei Magnetzündung!). Springt er dann nicht an, liegt es fast immer am Kraftstoffluftgemisch oder am erstarrten Schmierstoff.

Man muß demnach für fettes und brennbares Gemisch im Verbrennungsraum und für Wärme im Motor sorgen. Hierfür gibt es verschiedene Mittel, die nachfolgend näher beschrieben sind.

Tupfen (Tippen) und Durchdrehen am Ottomotor

Man drücke solange auf den Tupfer am Vergaser, bis der Kraftstoff überläuft. Dann anwerfen. Springt der Motor nicht an, nehme man einen zweiten Mann zu Hilfe und drehe während des Tippens durch. Hierdurch wird mehr Kraftstoff in den Zylinder gesaugt (siehe Bild 43).

Bei modernen Vergasern (z. B. beim Solex-Vergaser) ist ein Tupfer nicht mehr vorhanden, weil er bei wärmerem Wetter leicht zu dem bekannten Absaufen des Zweitakt-Motors führt. (Siehe Bild 22.) Bei diesen Vergasern ist ein Tippen auch nicht nötig, da sie mit besonderen Startvorrichtungen für Kalt- und Warmstart ausgerüstet sind.

Hilft weder Tippen noch Startvergaser, dann schließe man die sogenannte Starterklappe. Ist keine Starterklappe vorhanden, halte man die Hand oder auch einen Lappen vor die Vergaser-

Bild 43. Tupfen am Vergaser

öffnung oder das Luftfilter (siehe Bild 44 und 45). Das Anwerfen wird ferner erleichtert, wenn man den Lappen vorher in Kraftstoff taucht, weil das Gemisch dadurch noch mehr angereichert wird.

Einspritzen beim Ottomotor

Springt der Motor jetzt noch nicht an, schraube man sämtliche Zündkerzen heraus und spritze Kraftstoff in die Zylinder (siehe Bild 46). Wenn Einspritzhähne (Kompressions- oder auch Zischhähne) vorhanden sind, braucht man die Kerzen nicht herauszuschrauben, sondern spritzt direkt in diese Hähne den Kraftstoff oder nötigenfalls auch Äther ein.

Man hüte sich aber vor zu vielem Einspritzen, da sonst der Schmierstoffilm an der Zylinderwand abgewaschen wird. Die Folgen sind hoher Verschleiß und Kolbenfresser.

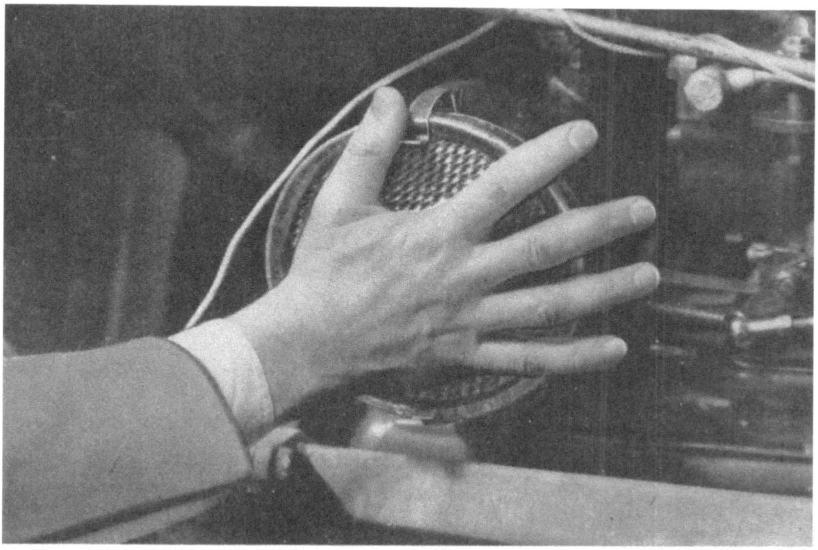

Bild 44. Starthilfe durch teilweises Verdecken der Ansaugöffnung bzw. des Luftfilters durch die Hand

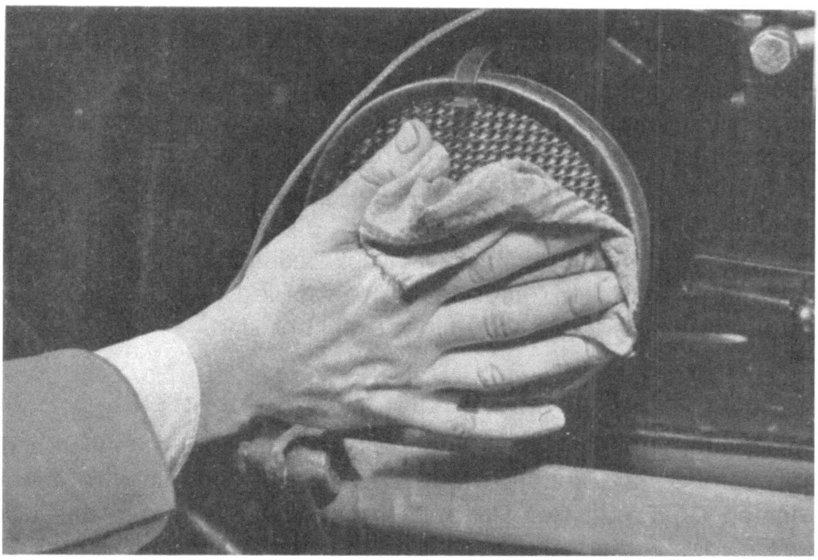

Bild 45. Starthilfe durch teilweises Verdecken der Ansaugöffnung bzw. des Luftfilters durch einen Lappen

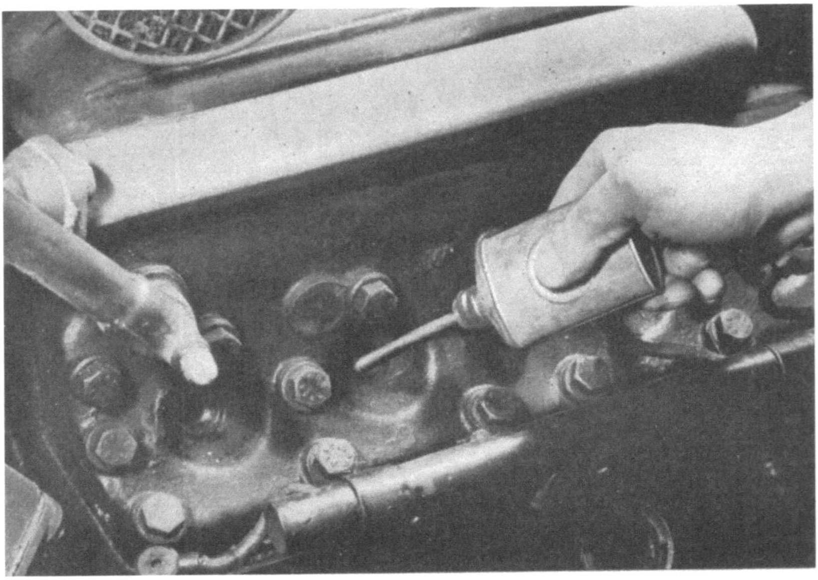

Bild 46. Einspritzen von Kraftstoff in die Zylinder

Heißes Wasser für Otto- und Dieselmotoren

Kühlwasser muß im Winter sowieso abgelassen werden, wenn es nicht mit irgendeinem Frostschutzmittel (Glysantin oder Glykol) gemischt ist. Es ist in jedem Fall ratsam, das Wasser abzulassen und heißes Wasser in den Kühler und Motor zu füllen. Langsam eingießen, da sonst Rißgefahr!

Sind Gefrierschutzmittel im Wasser, läßt man das Gemisch ab und erwärmt es auf irgendeiner Feuerstelle. Hierbei ist Vorsicht geboten, da einige Frostschutzmittel brennbar sind.

Anlaßmittel Supralin für Ottomotoren

Anlaßmittel Supralin für Ottomotoren ist im Handel erhältlich und wird von I.G.-Farben hergestellt. Das flüssige Supralin wird durch leichten Druck mit der Hand in irgendeine Stelle der Ansaugkanäle, des Filters oder auch direkt in den Zylinder eingespritzt (siehe Bild 47 und 48). Supralin ist an allen Leuna-Zapfstellen erhältlich.

Bild 47 und 48. Einspritzen von Supralin

Warmhalten des Otto- und Dieselmotors

Um ein schnelles Auskühlen warm gefahrener Motoren zu vermeiden, werden die Motoren mit Decken, Planen und dergl. abgedeckt. Wenn es die Platzverhältnisse gestatten, werden die Fahrzeuge einer Fahrzeugkolonne mit den Kühlern zueinandergestellt und die Motorhauben und Kühler mit Decken usw. abgedeckt. Wenn irgend möglich, ist das Deckmaterial auch um den Motor zu legen. Die Motorwanne selbst ist gegen die Ausstrahlungen der Kälte von der Erde aus durch Bretter, Decken, Stroh o. ä. zu schützen.

Heiße Steine oder Sandsäcke für Otto- oder Dieselmotoren

Ist der Motor trotzdem kalt geworden, kann man sich dadurch helfen, daß man nicht über 200° C heiße Steine dicht um die Motorwanne legt (siehe Bild 49 und 50). Am einfachsten sind die Steine vorher etwa 5 Minuten lang in kochendes Wasser zu legen. Ein Stein ist nicht über 200° C heiß, solange darauf gestreuter Zucker nicht schmilzt (etwa 165°) oder solange ein weißer Lappen nicht ansengt, also nicht braun wird. Auf keinen Fall darf geschmolzener Zucker eine gelbliche Farbe annehmen, da er dann über 200° C heiß ist. Immer aber hüte man sich, durch offenes Holz- oder Kohlenfeuer die Ölwanne anzuwärmen.

Durch zu scharfes Aufwärmen des Motors entstehen Risse im Material. Der Motor kann dadurch vollständig zerstört werden. Die Werkstoffe sind den durch die schroffe Temperaturerhöhung hervorgerufenen Spannungen nicht gewachsen.

Anwärmen der Ansaugleitung bei Otto- und Dieselmotoren

Bei Temperaturen unter — 20° C scheidet sich bei den heute verwendeten Benzin-Benzol-Gemischen im Ottomotor das Benzol in Form von Kristallen aus und verstopft mitunter die Kraftstoffleitungen. Man muß also auch hier für Wärme sorgen. Die Schmierstoff- und Kraftstoffleitungen sind soweit als möglich ab-

Bild 49. Warmhalten des Motors durch heiße Steine

Bild 50. Warmhalten des Motors durch heiße Sandsäcke

zudecken. Die Ansaugleitungen sind vor dem Start mit heißen Sandsäcken oder Steinen anzuwärmen (nicht über 200° C), siehe Abb. 50 und 51. Hierdurch wird eine Saugleitungskondensation vermieden. Es kommt also ein fetteres zundfähiges und warmes Gemisch in den Verbrennungsraum.

Heiße Zündkerzen

Eines der bekanntesten und auch sichersten Anlaßmittel ist das Anwärmen der Zündkerzen. In irgendeinem Deckel werden die Kerzen mit Benzin übergossen und angezündet. Das Benzin lasse man ausbrennen (siehe Abb. 51). Nicht zuviel Benzin nehmen! — Hat man keinen Deckel zur Hand, reicht auch ein Stück Blech oder ein Stein aus (auch auf Betonfußboden).

Sind die Kerzen heiß, spritze man wieder Brennstoff in den Zylinder, schraube die vom Ruß befreiten heißen Kerzen wieder ein und werfe sofort an. In den meisten Fällen wird der Motor anspringen. Es ist auch ratsam, die Zündkerzen mit nach Hause zu nehmen und auf die Heizung oder in die Ofenröhre zu legen. Dabei darf man nicht vergessen, die Zündkerzenbohrung mit Lappen zu verschließen. Am Morgen sind die Kerzen, in Lappen gut eingewickelt, wieder mit zum Motor zu nehmen.

Katalytöfen

Hat man einen Katalytofen zur Hand, so ist er in die Nähe der Zylinder-Ansaugseite zu stellen oder zu hängen (siehe Bild 52). Zum Heizen dieser Öfen darf nur reines Leichtbenzin verwendet werden (spez. Gewicht nicht höher als 0,720). Auf keinen Fall nehme man Pumpenbenzin wie Aral, Leuna, Shell, Benzol usw. — Am besten eignet sich Spezial-Katalyt-Heizstoff. Aber nie bewohnte Räume mit dem Katalytofen heizen, ohne für genügend Frischluftzufuhr zu sorgen!

Der Katalytofen wird wie folgt betriebsfähig gemacht: Man nimmt den Mantel durch seitliches Drehen ab, der Heizstoff wird eingefüllt, Spiritus auf den oberen Rand des Ofens gegossen und

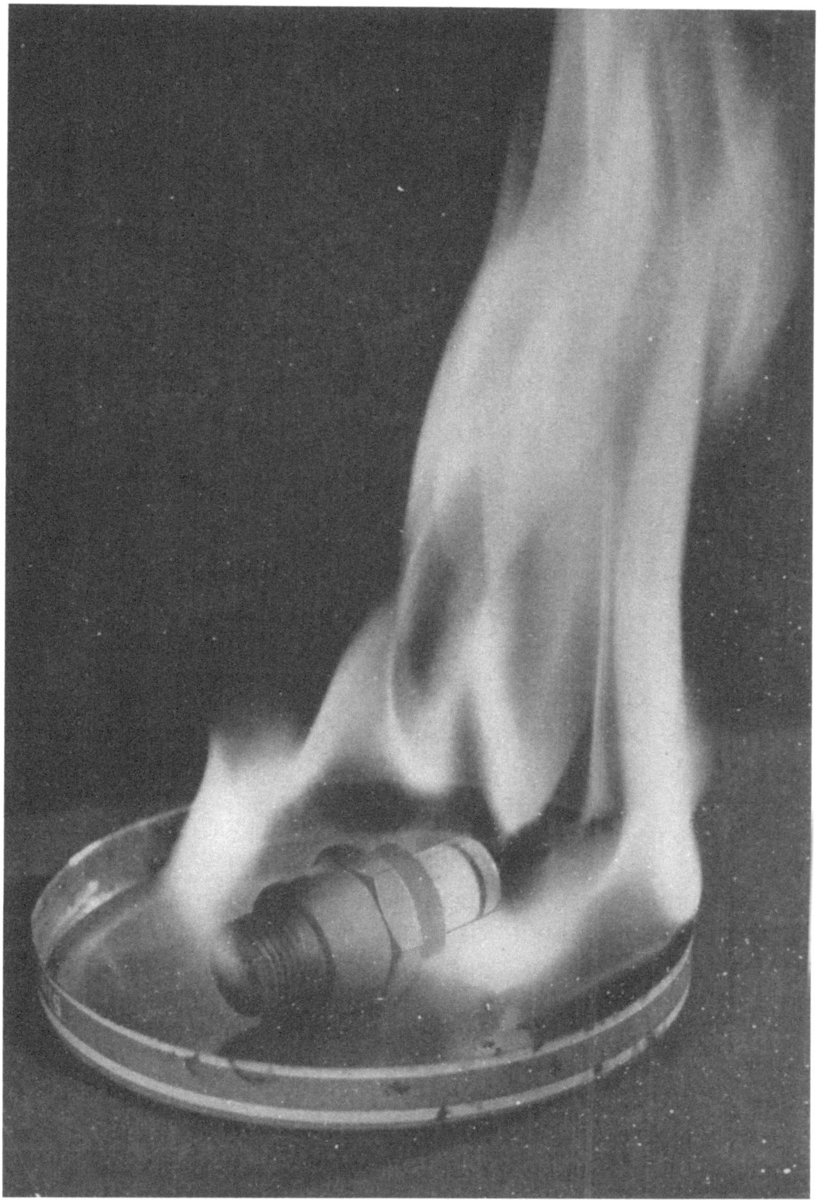

Bild 51. Anwärmen der Zündkerzen

Bild 52. Anwärmen durch Katalytofen

angezündet. Gelöscht wird der Ofen durch Aufsetzen einer Kappe (siehe Gebrauchsanweisung der Herstellerfirma Epperlein, Magdeburg).

Heißluftbläser

Bei Vorhandensein von sogen. Heißluftbläsern oder Motorvorwärmern, die sehr viel bei der Luftwaffe in Gebrauch sind, wärme man den ganzen Motor durch die vom Heißluftbläser erzeugte heiße Luft an.

Gase als Anlaßmittel

Ein mit Gas angetriebener Motor springt — auch bei Kälte — erheblich leichter an als ein Benzinmotor, weil sich das Gas nicht an den Saugleitungen niederschlägt. Es wird also fast immer ein brennbares Gemisch im Kompressionsraum entstehen. Am bekanntesten für den Antrieb von Verbrennungsmotoren sind Leuna und B.V.-Treibgas. Es gibt heute viele Motoren, die mit Treibgas angetrieben werden.

Karbid (Acetylen)

Das einfachste Mittel, sich ein Gas selbst herzustellen, ist die Verwendung von Karbid und Wasser. Karbid kann in jeder Stadt und in jedem Dorf beschafft werden.

Zwei oder drei kleine Stückchen Karbid in irgendeinen Büchsendeckel gelegt und mit etwas Wasser übergossen, entwickeln das leicht brennbare Karbidgas oder Acetylen. Man halte oder stelle jetzt diesen Deckel so unter die Ansaugöffnung oder das Filter des Vergasers, daß das Karbidgas angesaugt werden kann und drehe den Motor kräftig durch (siehe Bild 53).

Bild 53. Anlassen mit Karbid

Bild 54. Anlassen mit Treibgas

Es ist ratsam, einen Lappen so darüber zu hängen, daß der Windzug nicht zuviel Gas entführt. Der Motor wird fast immer anspringen. Bei Nichterfolg wiederholen, da dann zu wenig Gas. Ebensogut kann man auch eine Karbidlampe dazu nehmen, von der man zuvor den Scheinwerfer abgenommen hat.

Die im Bild sichtbaren, sonst aber unsichtbaren Dämpfe sollen das Gas darstellen. Nicht anzünden!

Treibgas

Steht von irgendeinem Last- oder Personenwagen Leuna- oder B.V.-Treibgas zur Verfügung, so leite man dieses Gas mit einem Schlauch an die Ansaugleitung (siehe Bild 54). Sonst ist wie bei Karbidgas zu verfahren.

Starthilfe mit Taschenlampenbatterien für Ein-Zylindermotoren

Bei Magnetzündung

Wie im Kapitel Zündanlage bereits gesagt wurde, ist der Hauptvorteil der Batteriezündung der kräftige Zündfunke beim Anlassen. Beim Magnetzünder ist der Zündfunke gerade bei den niedrigen Anlaßdrehzahlen so schwach, daß der Motor nur schwer und im Winter oft gar nicht anspringt.

Da sich die beiden Zündanlagen nur durch die Stromquelle unterscheiden, sonst aber im Prinzip gleich sind, liegt der Gedanke nahe, mit irgendeiner kleinen zusätzlichen Trockenbatterie als Stromquelle wenigstens für das Anlassen den Vorteil des starken Batteriefunkens auszunützen.

Bei Magnetzündern mit feststehendem Unterbrecher ist dieses schon mit kleinen Stablampenbatterien möglich. Man braucht dazu außer etwas Leitung nur einen kleinen Druckknopfdoppelschalter und einen geeigneten Batteriehalter.

Die Aufgabe lautet:

1. Neben der Magnetzündung ist eine Batteriezündung zu konstruieren.
2. Die Batteriezündung soll nur beim Anlassen arbeiten und bei laufendem Motor möglichst selbständig wieder ausschalten.

Aus den beiden Schaltplänen Bild 55 und 56 ist zu ersehen, daß man in die Leitung von der Niederspannungswicklung zum Unterbrecher nur eine Batterie einzuschalten braucht, um eine Batteriezündanlage zu schaffen. Will man wieder auf Magnetzündung kommen, muß die Leitung wieder kurz geschlossen werden. Diese Schaltweise läßt sich durch einen Druckknopfschalter erreichen, den man beim Anlassen von Hand betätigen muß: drückt man auf den Knopf, ist die Batteriezündung, läßt man diesen los, ist die Magnetzündung eingeschaltet.

Die Halterung der Batterie bleibt den äußeren Umständen des Motoreinbaues überlassen. Das Gehäuse darf aber keinen Masseschluß haben.

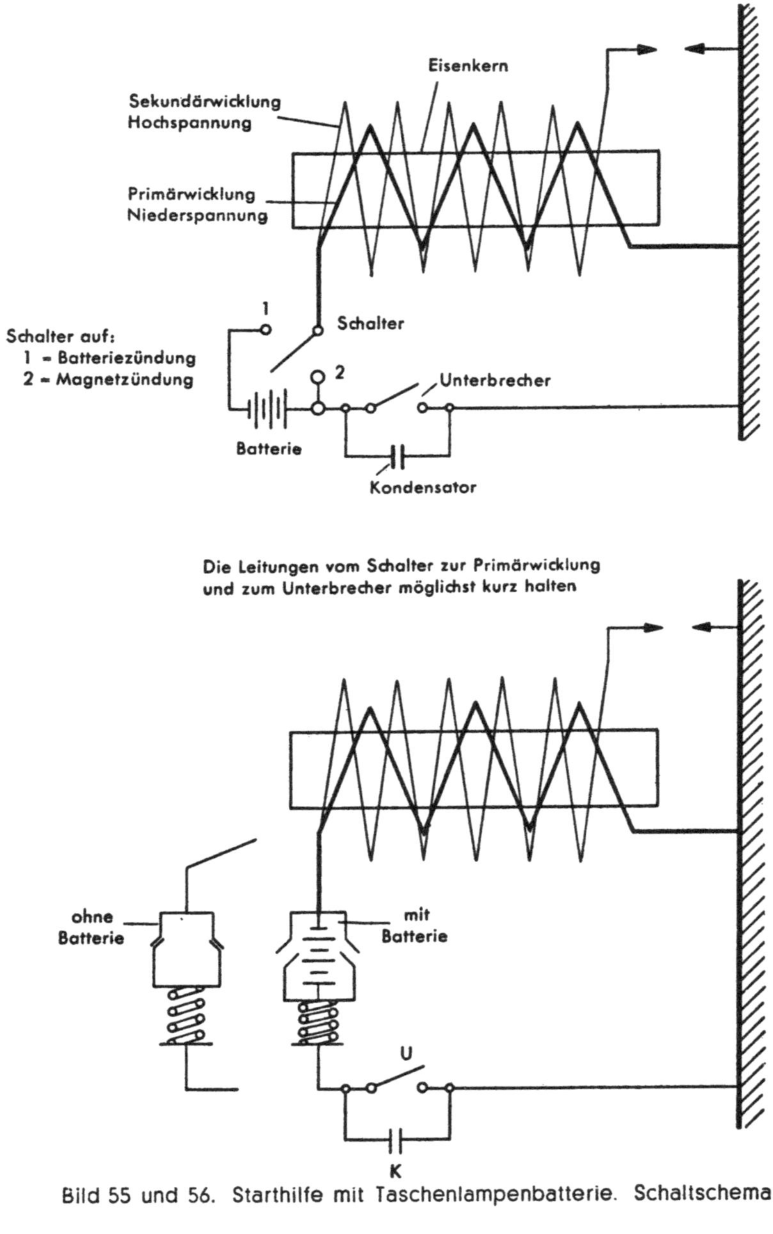

Bild 55 und 56. Starthilfe mit Taschenlampenbatterie. Schaltschema

Bild 57. Batteriehalter, leer

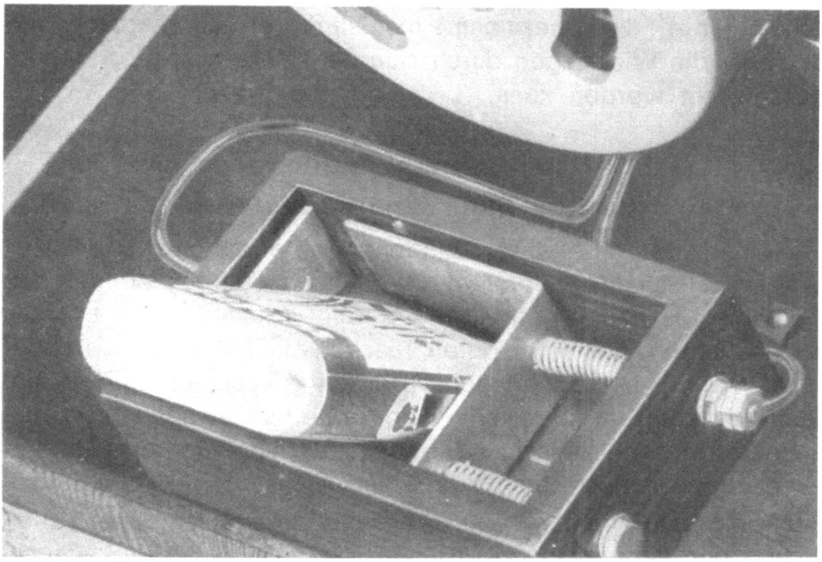

Bild 58. Batteriehalter mit Batterie

Hat man einen Doppeldruckknopfschalter nicht zur Hand, kann man sich auch einen Batteriehalter nach Bild 57 und 58 bauen, der sowohl für eine Flach- als auch für eine kleine Stabbatterie geeignet ist. Beim Anlassen drücke man die Batterie in den Halter hinein. Läuft der Motor, nimmt man die Batterie wieder heraus. Beim Herausnehmen achte man jedoch darauf, daß die durch die Batterie unterbrochenen Kontaktbleche wieder gut miteinander verbunden sind (siehe Bild 57, wichtig!) Bei dem abgebildeten Halter wird dies durch den federnden Bügel erreicht. Wichtig ist ferner, daß der Pluspol der Batterie auch an der Plusleitung der Zündanlage liegt. Bei Flachbatterien ist der kurze Messingstreifen die Plusseite, bei Stabbatterien die Fußseite. Bei Nichtwissen oder Nichterfolg einfach ausprobieren.

Der Stromverbrauch ist bei Druckknopfschaltung äußerst gering. Man kann Hunderte von Starts vornehmen, ohne einen wesentlichen Stromverbrauch feststellen zu können.

Da die Zündfunkenstärke von der Spannung der Batterie abhängig ist, nehme man nur Batterien von 2—4,5 Volt Spannung. Bei Verwendung sogen. Mono-Batterien (dicke Stablampenbatterie) schalte man einfach zwei Zellen hintereinander (wie im Stabscheinwerfer). Nie aber nehme man stärkere Batterien als 6 Volt, da sonst die Wicklungen durchschlagen können und der Magnet geschwächt werden kann.

Bei Batteriezündung (auch für Mehr-Zylindermotoren)

Um einen Motor bei fast entladener Batterie noch anzulassen, kann man sich im äußersten Notfall noch dadurch helfen, daß man eine Taschenlampenbatterie parallel schaltet. Also + an + und — an —. Mit einer guten Taschenlampenbatterie wird der Motor dann immer anspringen. Aber keine Leuchten einschalten! Läuft der Motor, lasse man ihn längere Zeit so schnell laufen, daß die Kontrollampe erlischt. Die Lichtmaschine lädt die Batterie wieder etwas auf. Dann sofort zur nächsten Akkuladestation!

Bei Temperaturen unter —20° C arbeiten Taschenlampenbatterien nicht mehr. Man sorge also immer für gute Batterien dadurch, daß man sie nie kalt werden läßt. (In die Tasche stecken.)

Anlaßmittel bei Dieselmotoren

Beim laufenden warmen Dieselmotor entzündet sich das Gemisch im Zylinder durch die hohe Verdichtungstemperatur. Beim Anlassen des kalten Dieselmotors reicht jedoch oft die durch die Verdichtung erzielte Temperatur allein nicht zur Entzündung des Gemisches aus. Die Zylinderwandungen führen zuviel Wärme ab. Der durch die niedrige Anlaßdrehzahl erreichte Verdichtungsenddruck — und damit die Temperatur im Zylinder — ist wesentlich niedriger als im normalen Betrieb. Man muß also nun mit allen zur Verfügung stehenden Mitteln die Lufttemperatur im Verbrennungsraum (Zylinder oder Vorkammer) erhöhen und durch Entflammung von Kraftstoffteilchen die Verbrennung im Zylinder einleiten. Die erste Voraussetzung für hohe Temperatur ist absolut dichter Kompressionsraum.

Um diese beiden Forderungen — hohe Temperatur und dichter Kompressionsraum — zu erfüllen, gibt es verschiedene Wege. Dichter Kompressionsraum ist bei kalter Jahreszeit, also bei erstarrtem Schmierstoff, abhängig von einwandfreiem Arbeiten der Ventile und gut dichtenden Kolbenringen.

Hier gibt es verschiedene Hilfsmittel: Zunächst sind einmal die vorher dargestellten Anregungen in bezug auf Warmhaltung und Anwärmen des ganzen Motors zu berücksichtigen. Dann sind bei etwa noch bestehenden Anlaßschwierigkeiten folgende kleinen Winke oft Helfer in der Not.

Einstellung des Einspritzbeginns

Wenn nicht schon Angaben auf dem Schild des Spritzverstellers vom Werk aus vorhanden sind, wird die zum Starten günstigste Stellung des Handhebels zur Einspritzverstellung am Armaturenbrett mit einem Ölfarbstrich oder sonstiger Markierung gekennzeichnet. Zum Anlassen des Motors muß der Einspritzbeginn eingestellt sein:

bei Bosch-Pumpe auf volle Späteinspritzung,
bei Deckel-Pumpe fast auf volle Früheinspritzung, etwa vier Fünftel Früheinspritzung.

Zündöl für Dieselmotoren

Wie mit Supralin oder Äther bei Ottomotoren kann auch beim Diesel zur weiteren Starterleichterung ein Anlaßkraftstoff (Zündöl) in das Luftfilter bzw. die Ansaugleitung gespritzt werden. Nicht zuviel einspritzen.

Setzen während des Startens leichte Zündungen ein, gleichzeitig etwas Zündöl in das Luftfilter spritzen. Das Zündöl entzündet sich bei geringerer Temperatur als das Gasöl und besteht aus einer Mischung von:

50 Raumteilen Motorenöl (z. B. Aero-Shellmittel),
25 Raumteilen Kraftstoff (Gasöl) und
25 Raumteilen Äther.

Es darf nur in luftdichten Behältern aufbewahrt werden, damit sich der darin enthaltene Äther nicht verflüchtigt. Bei den meistens mit Druckluft anzulassenden Dieselmotoren sind sogenannte Zündölzerstäuber vorhanden, wie sie beispielsweise von SUM und ADMOS hergestellt werden. Das Anlassen wird dadurch erleichtert, daß das zerstäubte Zündöl in die Ansaugleitung oder den Spülkanal geblasen wird. Von hieraus gelangt es in den Zylinder und erleichtert die ersten Zündungen.

In Zündöl oder Benzin getauchter Lappen für Dieselmotoren

Nicht ganz so sicher wie Zündölzerstäubung — aber in vielen Fällen doch helfend — ist folgendes Mittel: Man tauche einen Lappen oder ein Stück Tuch (keine Putzwolle) in das beschriebene Zündöl oder Benzin und halte diesen Lappen während

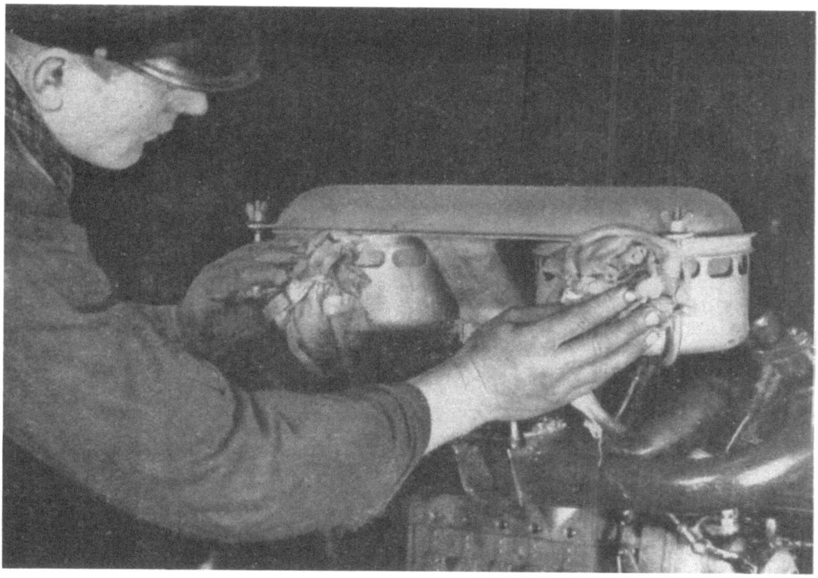

Bild 59. Mit Zündöl oder Benzin getränkte Lappen für Dieselmotoren

des Durchdrehens vor die Luftansaugöffnungen des Motors (siehe Bild 59). Man achte jedoch darauf, daß dieser Lappen nicht mit in den Motor hineingesaugt wird, da sonst eine vollständige Demontage des Motors kaum vermeidlich ist.

Vorsicht vor Rückschlägen des Motors (Starterbeschädigungen möglich).

Heizflansch für Dieselmotoren

Um eine höhere Temperatur im Zylinderraum zu erreichen, ist von der Firma Bosch ein sogenannter Heizflansch entwickelt worden. Er wird zum Vorwärmen der Ansaugluft in die Ansaugleitung eingebaut, und zwar unmittelbar unter das Ansaugluftfilter (siehe Bild 60). Im wesentlichen besteht er aus zwei Glühspiralen, die durch den normalen Batteriestrom auf etwa 900° C erhitzt werden.

Bild 60. Heizflansch für Dieselmotoren

Zur Verlegung der Kabel und Anschlüsse liefern die Herstellerfirmen der Motoren und die Firma Bosch alles Erforderliche. Bei den meisten Einheits-Dieselmotoren ist ein Heizflansch schon eingebaut oder aber er kann nachträglich ohne Schwierigkeit eingebaut werden.

Den Heizflansch nie länger als ½ Minute vor und während des Anlassens einschalten, da sonst die Glühspiralen durchbrennen!

Beikammerverschlußstopfen für Einheitsdiesel

Um an kalten Tagen die Lufttemperatur im Zylinder zu erhöhen, besteht beim Einheits-Dieselmotor die Möglichkeit, durch Auswechseln der sogenannten Beikammerverschlußstopfen den Verdichtungsdruck — und damit die Temperatur — zu erhöhen. Man sehe nach, ob die unmittelbar unter der Kraftstoffeinspritzdüse sitzenden Beikammerverschlußstopfen einen über das Einschraub-

Bild 61. Vergrößerte Kammerstopfen

gewinde hinausgehenden Ansatz haben (ohne Gewinde etwa 11 mm lang, siehe Bild 61), der den Luftinhalt der Kammer verkleinert. Bei fast jeder Herstellerfirma von Einheitsmotoren sind „vergrößerte Kammerstopfen" zu haben. Diese sind aber bei allen 6 Zylindern einzubauen, da sonst ein unregelmäßiger Lauf des Motors die Folge wäre.

Glühkerzen und Zubehör für Dieselmotoren

Bei fast allen Vorkammer-Dieselmotoren sind die von den Firmen Bosch und Beru-Ludwigsburg hergestellten ein- und zweipoligen Glühkerzen eingebaut. Diese Glühkerzen sollen vor und während des Anlassens die Lufttemperatur im Verbrennungsraum (Zylinder oder Vorkammer) erhöhen.

Eine Glühkerze besteht im wesentlichen aus der Glühspirale und deren Träger, dem Kerzengehäuse. Sie ragt in den Verbrennungs-

Bild 62. Petroleum auf Ventilschäfte

raum hinein und wird durch elektrischen Strom auf 900—1000° C erhitzt. Der erforderliche Strom wird je nach Art der Kerze entweder der üblichen Anlaßbatterie oder einer besonderen 2-Volt-Batterie entnommen.

Die Glühkerzen werden vor dem Anlassen des Motors eingeschaltet und erreichen bereits nach etwa 50 Sekunden ihre Höchsttemperatur. Länger als 60 Sekunden vorzuwärmen ist zwecklos, da eine Temperatursteigerung infolge der beträchtlichen Wärmeverluste durch die kalten Motorwandungen und das Kühlwasser nicht mehr eintritt. Nach 50 bis 60 Sekunden wird also der Motor angelassen. Die Glühkerzen bleiben dabei eingeschaltet, um die angesaugte Luft zu erwärmen. Die bei Beginn des Einspritzvorganges in die Nähe der heißen Glühspirale gelangenden Kraftstoffteilchen werden dadurch entflammt und die Verbrennung rechtzeitig eingeleitet. Nach dem Anlaufen sind die Glühkerzen wieder auszuschalten.

Petroleum auf Ventilschäfte

Da sich beim schnellen Anwärmen die Temperatur nur sehr langsam auf die Ventilführungen überträgt, ist es zweckmäßig, noch am Abend nach Stillsetzen des Motors auf jede Ventilführung etwas Petroleum zu geben (siehe Bild 62). Man erreicht dadurch, daß sich die Ventile auch am anderen Morgen leicht öffnen und schließen, und folglich gut abdichten.

Anlaßmittel an warmen Tagen oder bei warmen Motoren

Abgesoffener Motor

An warmen Tagen oder bei warmen Motoren begeht man beim Anlassen leicht den Fehler und tupft zuviel oder spritzt sogar noch Kraftstoff ein. Man vergißt auch oft, die Starterklappe zu öffnen. Das Gemisch wird dadurch zu fett. Es befindet sich dann soviel Kraftstoff im Motor, daß man von einem zündfähigen Gasgemisch nicht mehr sprechen kann.

Beim Zweitakt-Motor, der das Gemisch zuerst in das Kurbelgehäuse saugt, steht der flüssige Kraftstoff dann im Kurbelgehäuse.

Man sagt: „Der Motor ist abgesoffen".

Um dies festzustellen, schließe man zunächst den Kraftstoffhahn und öffne die Drossel- und Starterklappe, man öffnet ferner bei Zweitakt-Ottomotoren den fast immer unten am Kurbelgehäuse angebrachten Entlüftungshahn (siehe Bild 63) und dreht den Motor schnell durch. Das flüssige Kraftstoffölgemisch wird durch die im Kurbelgehäuse entstehende Vorverdichtung herausgeblasen, ohne daß neues Gemisch angesaugt wird.

Ist oben am Zylinder in der Nähe der Zündkerze noch ein sogen. Zisch- oder Kompressionshahn angebracht (siehe Bild 64), so öffnet man diesen. Dann dreht man den Motor solange durch, bis kein Kraftstoff- oder zu nasses Kraftstoff-Luft-Gemisch mehr herauskommt. Man entlüftet dadurch den ganzen Motor.

Der Motor ist wieder in Ordnung, wenn das noch vorhandene Gemisch sich bei geöffnetem Zischhahn durch den Zündfunken

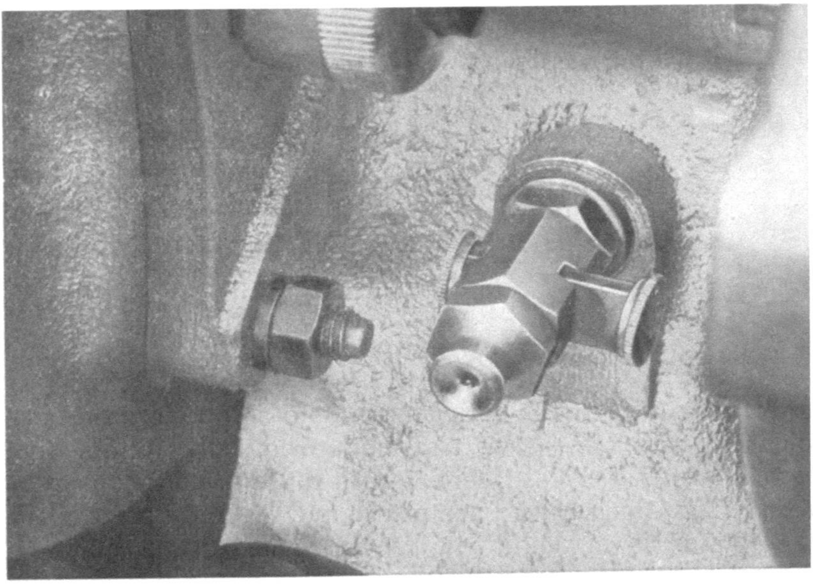

Bild 63. Entlüftungshahn unten am Kurbelgehäuse bei Zweitakt-Ottomotoren

Bild 64. Zischhahn zum Entlüften des Motors

selbst entzündet. Es kommt dann aus dem Zischhahn eine kleine Stichflamme. Eine vor den geöffneten Zischhahn oder Entlüftungshahn gehaltene Hand oder auch ein Stück Papier darf nicht mehr naß werden.

Entzündet sich das Gemisch bei geöffnetem Zischhahn trotz langen Durchdrehens nicht, überzeugt man sich, daß die Zündkerzen nicht naß oder verölt sind. Bei Zweitakt-Ottomotoren verölen die Zündkerzen leicht, da der Motor mit einem Öl-Kraftstoff-Gemisch betrieben wird.

Hat man genügend entlüftet, werden die beiden Hähne geschlossen und der Kraftstoffhahn sowie die Starterklappe ganz geöffnet. Die Drosselklappe bzw. den Gashebel stellt man auf Leerlauf oder etwas mehr und läßt den Motor an.

Ist der Vergaser mit einer Warmstarteinrichtung (z. B. Solex-Vergaser) versehen, stellt man auf „Warmstart".

Bei etwaigem Nichterfolg wiederholen!

Bei zu starker Entlüftung kann man wieder vorsichtig tippen.

Zu warmer oder zu heißer Motor

Es kommt in der Praxis häufig vor, daß der Motor ohne Veränderung der Gemischmenge einfach stehenbleibt. Er springt auch bei sofortigen Anlaßversuchen nicht wieder an.

Oft verlangt es der Betrieb irgendeiner Anlage, daß der Motor abgestellt und gleich wieder angelassen werden muß. Er streikt aber, da er zu heiß geworden ist.

Dieses Zuheißwerden ist entweder auf Überlastung, schlechte Kühlung, Schmierung oder verstopften Schalldämpfer zurückzuführen. Bei wassergekühlten Motoren kocht das Kühlwasser.

Zunächst suche man die Ursache des Heißwerdens und sorge für Entlastung, Kühlstoff und Schmierstoff. Dann schraube man die Zündkerzen heraus und spritze in jeden Zylinder etwas Öl ein. Bei leichten Kolbenfressern, die oft die Folge oder auch die Ursache des Heißwerdens sind, wird dadurch ein Weiterfressen verhindert.

Weiter öffne man die Drossel- und Starterklappe, die Entlüftungshähne, schließe den Kraftstoffhahn und drehe den Motor kräftig durch. Man erreicht dadurch eine gute Entlüftung und gleichzeitige Abkühlung des Motors.

Genügt diese Abkühlung noch nicht, um den Motor wieder in Gang zu bringen, so lasse man etwas Kühlwasser ab und fülle kaltes Wasser zu. Auf keinen Fall das ganze Wasser ablassen und dann kaltes Wasser einfüllen! Es besteht durch das plötzliche Abschrecken Rißgefahr.

In jedem Fall ist es gut, dem Motor etwas kalten Schmierstoff zuzusetzen.

Bei luftgekühlten Motoren hilft in solchen Fällen nur längeres Stehenlassen.

Gefährliche Anlaßmittel

Offene Flamme (Streichholz-) bei Ottomotoren

Bei —22° C und kälteren Temperaturen verdampft normales Benzin nicht mehr. Man muß also im Kompressionsraum für Wärme sorgen, damit sich die Gase auch bei diesen Kältegraden nicht an den Wandungen niederschlagen.

Es ist verboten, Benzin einzuspritzen — ein gutes Mittel — (siehe Bild 65) und dieses durch eine offene Flamme anzuzünden (siehe Bild 66), da durch achtloses Umgehen leicht der ganze Wagen oder die Ölwanne in Brand geraten kann.

Man dreht bei diesem Verfahren den Motor langsam durch und hält die offene Flamme solange vor die Zündkerzenöffnung, bis eine richtige Stichflamme aus der Kerzenöffnung kommt, spritzt dann nochmals ein wenig ein, schraubt heiße Kerzen ein und dreht kräftig durch (siehe Bild 65 bis 68).

Offene Flamme bei Dieselmotoren

Es ist auch bei Dieselmotoren verboten — ein gutes Anlaßmittel — eine offene Flamme als Hilfsmittel zu nehmen, da diese offene Flamme vor allen Dingen in geschlossenen Räumen und bei Unachtsamkeit leicht zu Bränden führen kann.

Man hat in solchen Fällen einen kleinen Lappen genommen, ein Stück Draht herumgewickelt (nicht umgekehrt) und das eine Ende als Handgriff ausgebildet. Dieser Lappen wurde in Benzin getaucht und angezündet. Diese offene Flamme hielt man bei abgenommenem Luftfilter an die Eintrittsöffnung der Ansaugleitung

Bild 65

Bild 66

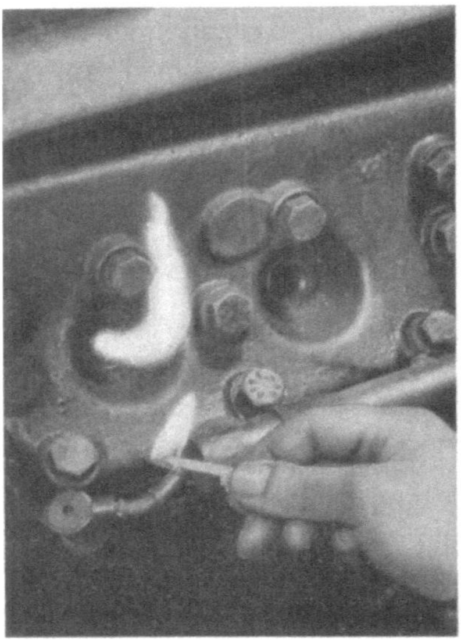

Bild 67

Bild 68

(siehe Bild 69). Der im Motor erzeugte Unterdruck saugt die Flamme an, die dann die ersten Zündungen hervorruft. (Vorsicht, auch der Lappen kann angesaugt werden.)

Offene Grude

Hat man keine Katalytöfen oder keine geheizten Räume für das Unterstellen von Kraftwagen und Motoren zur Verfügung und will am anderen Morgen den Motor doch noch so warm haben, daß

Bild 69. Offene Flamme an der Ansaugleitung

er gut anspringt, kann man sich auch dadurch helfen, daß man sich eine offene Grude selber baut. An einem offenen Blechkasten (nicht zu niedrig) oder auch Marmeladeneimer bringt man zweckmäßig an zwei gegenüberliegenden Seiten mehrere Luftlöcher an und stellt das Ganze auf ein paar Steine oder auch Holzbalken (bei Holzbalken aufpassen), so daß das Gefäß keine direkte Berührung mit der Erde hat. Eine Preßkohle (Brikett) wird

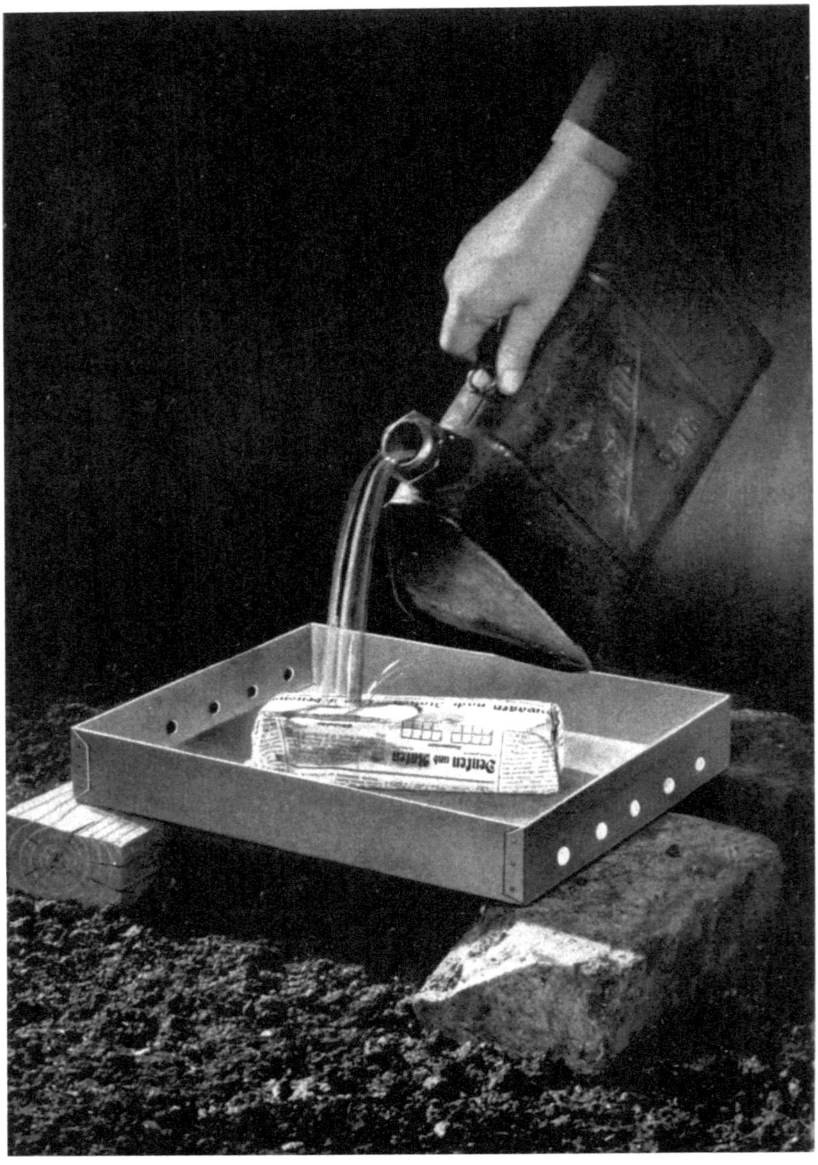

Bild 70. Offene Grude. Preßkohle wird mit Benzin übergossen

Bild 71 Offene Grude, erst gebrauchsfertig, wenn Flamme erloschen ist und die Kohle glüht

Bild 72. Offene Grude, gebrauchsfertig

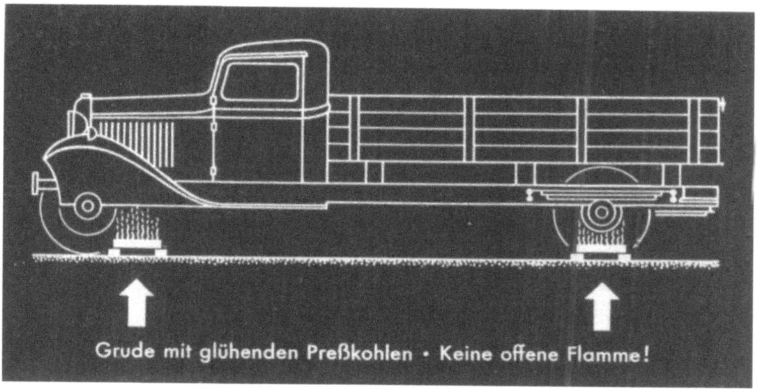

Bild 73. Offene Grude im Gebrauch

in eine mehrfache Zeitungspapierschicht gewickelt, mit Benzin übergossen (siehe Bild 70 und 71), angezündet, und eine zweite Preßkohle aufgelegt. Jetzt wartet man solange, bis das ganze Benzin verbrannt ist und die Preßkohle anfängt zu glühen (siehe Bild 72). Wenn es nicht gleich klappt, wird wiederholt. Die Preßkohle brennt allein weiter. Diese Grude stellt man unter den Motor und auch unter die Hinterachse (siehe Bild 73).

Beim Abstellen im Freien legt man möglichst große Decken so über den Motor, daß sich die Wärme unter den Decken gut hält. Es ist darauf zu achten, daß keine offene Flamme mehr brennt. Sonst gerät leicht der ganze Wagen in Brand. Auch können dann Spannungsrisse in der Kurbelwanne auftreten.

Beim Abstellen in kalten Räumen ist auf gute Entlüftung am Boden zu achten. Entweder Luftlöcher unten an den Türen, oder Türen etwas öffnen Sonst besteht Erstickungsgefahr.

Zum Schluß noch ein Hinweis: Alle Fahrzeuge einer Gattung stimmen nur im Prinzip überein. Konstruktiv sind vielerlei Kleinigkeiten verschieden. Deshalb geben die Firmen den Fahrzeugen Bedienungsanweisungen und Betriebsanleitungen mit. Man sollte diese Druckschriften wenigstens einmal mit Ruhe und Konzentration vor Inbetriebnahme eines Fahrzeuges oder Gerätes durchlesen, weil dadurch unter Umständen Ärger und Kosten für den Fahrer und Halter erspart werden können.

Band 17

Instrumentenkunde

Von Ing. H. Bürkle. 192 Seiten mit 231 Abbildungen. 1940. Preis RM 4,—

Band 18

Die deutschen Flugmotoren: Jumo 205

Bearbeitet von Ing. O. Leib. 39 Seiten mit 31 Abbildungen. 1940 Preis RM 1,20

Band 19

Die deutschen Flugmotoren: SAM 322

Bearbeitet von Dr. K. Krieger. 45 Seiten mit 38 Abbildungen. 1940. Preis RM 1,20

Band 20

Die deutschen Flugmotoren: Argus As 10 C, As 10 E, As 401

Bearbeitet von Dr. K. Krieger. 32 Seiten mit 29 Abbildungen. 1940. Preis RM 1,20

Band 21

Die deutschen Flugmotoren: DB 600 (DB 601)

Bearbeitet von Dr. K. Krieger. 38 Seiten mit 32 Abbildungen. 1940. Preis RM 1,20

Band 22

Die deutschen Flugmotoren: BMW 6

Bearbeitet von Dr. K. Krieger. 36 Seiten mit 27 Abbildungen. 1940. Preis RM 1,20

Band 26

Schweißtechnik im Flugzeugbau

Von K. Queitsch. 162 Seiten mit 195 Abbildungen. 2. verbesserte Auflage 1940. Preis RM 3,80

Praktische Theorie in der Flugtechnik

Band 3

Die Atmosphäre

Von H. Wenke. 112 Seiten mit 76 Abbildungen. 1940. Preis kartoniert RM 4,—, gebunden RM 5,40

Band 4

Der Flug

Von H. Wenke. 208 Seiten mit 169 Abbildungen. 1941. Preis kartoniert RM 6,50, gebunden RM 8,—

DR. M. MATTHIESEN & CO. / BERLIN SW 68

Band 7

Wägungen, Schwerpunkt, Ladepläne

Von H. Wenke. 64 Seiten mit 37 Abbildungen und 5 Formblättern. 1937. Preis kartoniert RM 2,50, gebunden RM 3,80

Band 8

Flugleistungsermittlung

Von H. Wenke. 112 Seiten mit 51 Abbildungen und 4 Formblättern. 1938. Preis kartoniert RM 4,—, gebunden RM 5,40

Band 9

Flugeigenschaften

Von H. Wenke. 124 Seiten mit 64 Abbildungen. 1940. Preis kartoniert RM 4,—, gebunden RM 5,40

T.S.-Lehrblätter

Flugzeug-Leichtmetallbau (Der Leichtmetallschlosser)

Von Dr.-Ing. A. Erlenbach. 208 Seiten mit 218 Abbildungen, einer farbigen Tafel und zahlreichen Tabellen. 2. verbesserte Auflage 1940. Preis kartoniert RM 4,20

Der Flugzeugsattler

Von Dr.-Ing. A. Erlenbach. 96 Seiten mit 113 Abbildungen. 1939. Preis kartoniert RM 1,80

Der Flugzeugtischler

Von Dr.-Ing. A. Erlenbach. 160 Seiten mit 148 Abbildungen. 1940. Preis kartoniert RM 2,50

Der Flugzeugmaler

Von Dr.-Ing. A. Erlenbach. 177 Seiten mit 70 Abbildungen. 1939 Preis kartoniert RM 2,80

Triebwerkwartung und Baumusterbeschreibung von Flugmotoren

Von Ing. K. Forndran. 168 Seiten mit 59 Abbildungen, 2 farbigen und 1 Schwarztafel. 1938. In biegsamem Kunstledereinband. Preis RM 3,60

Gerätewartung

Von Dipl.-Ing. H. Zacharias und Ing. E. Otto. 385 Seiten mit 216 Abbildungen und zahlreichen Tabellen. 2. Auflage 1940. Preis kartoniert RM 6,—

Geschichte der Luftfahrt

Von Dr. W. Hofstaetter und Dr.-Ing. A. Erlenbach. 128 Seiten mit 108 Abbildungen. 1938. In biegsamem Kunstledereinband. Preis RM 3,—

Bei Fragen zur Produktsicherheit wenden Sie sich bitte an:
If you have any questions regarding product safety,
please contact:

Walter de Gruyter GmbH
Genthiner Straße 13
10785 Berlin
productsafety@degruyterbrill.com